Der Garten im Topf

Tanja Ratsch

Der Garten im Topf

Pflanzen & Kombinieren – Ideen für das ganze Jahr

Inhalt

Planen
& Einkaufen

Einleitung

Topfgärten sind jung und ganz modern

Ein Quantensprung ist klein, aber von ungeheurer Wirkung. Genau das ist es, was gerade mit den Topfgärten passiert. Früher fest auf Geranien gebucht, erobern nicht nur neue Sommerblumen aus aller Welt die Herzen der Topfgärten und vermögen auch junge Leute für die »mobilen Gärten« zu begeistern. Die schmalen Blumenkästen haben zunehmend Konkurrenz bekommen: von Töpfen aus allen Erdteilen, die mit ihrer Formenvielfalt entscheidend mehr Gestaltungsfreiraum bieten als früher. Und: Die Gefäße sind für jeden erschwinglich geworden, seitdem es industriell gefertigte Importwaren gibt und mit Kunststoff & Metall die Moderne im Design Einzug gehalten hat.

Einen besonders kräftigen Zuwachs verzeichnet der Topfgarten aktuell aus der Reihe der Stauden. Kamen sie früher ausschließlich als Beetpflanzen in Frage, erobern sie das Topf-Terrain. Ob Rittersporn, Taglilie oder Enzian: Sie werden als Top(f)-Schönheiten ebenso entdeckt wie altbekannte Gewürzkräuter, deren Blätter frisch aus dem Gefäß in den Kochtopf kommen, oder Zwiebelblumen, die bislang nur Gartenwege rahmten. Auch die Gehölze sind im Vormarsch. Neben Buchs & Hortensien als alten Topf-Hasen entdecken immer mehr Menschen, wie schön sich auch Rhododendron, Maiglöckchenstrauch oder Feuerdorn aus der Riege der Gartenklassiker als Topfgäste machen. Und aus der Exoten-Ecke ist kein Ende abzusehen, was die Neuzugänge aus anderen Kontinenten im Kübelpflanzen-Sortiment anbelangt.

Cocooning ist das zweite Zauberwort, das dem Topfgarten zum Trendsetter macht. Wir möchten es uns auch zu Hause schön machen und in einer Oase der Ruhe leben, in der Pflanzen eine sehr wichtige Rolle fürs Wohlbefinden spielen. Und dabei sind Topfpflanzen keineswegs auf Terrassen und Balkone beschränkt: Sie erobern den gesamten Garten! Als Blickpunkte an Wegekreuzungen, am Ende von Sichtachsen oder inmitten bunter Blumenbeete, denen noch ein Highlight fehlt

Gärtnern Sie noch oder leben Sie schon? Mit dem Neuen Topfgarten sind Pflanzgefäße keine Notlösung mehr, sondern eine Gestaltungsrichtung, die sich zu einem Trendthema gemausert hat.

Die Gefäße sind dabei nicht immer bepflanzt - auch als Solisten ohne blühendes Beiwerk werten Sie Ihren Garten auf.

Streifzüge durch die Jahreszeiten

sind es, die den Topfgarten von heute noch attraktiver machen. Die Saison beginnt nicht mehr erst im Mai und endet im September. Sie geht von Januar bis Dezember (siehe S. 52 ff.), von der frühen Christrose *(Helleborus)* bis zum späten Winter-Jasmin *(Jasminum nudiflorum)*. Blumenzwiebeln sorgen für den Frühjahrsauftakt, Sommerblumen und exotische Kübelpflanzen inszenieren im Sommer eine fulminante Blumen-Show, Heide & Co. verzaubern den Herbst, die Immergrünen den Winter. Da kann man getrost zu Hause bleiben und die Urlaubsreisen anderen überlassen: In den Gefäßen geht es inzwischen rund ums Jahr kunterbunt zu.

Der Begriff Topf- oder Kübelpflanzen ist groß geworden und umfasst heute alles Schöne vom Exoten über Stauden bis hin zu den Sommerblumen in einer Mischung, die jedem Spaß macht.

Mit der Mode gehen

die Top(f)-Stars von heute natürlich auch, aber nicht in so schnelllebigen Wechseln und nicht so öffentlichkeitswirksam wie bei der Kleidung. Da man seine Topfpflanzen jahrelang, oft jahrzehntelang hat und sich nicht einfach von ihnen via Kompost trennen kann, brauchen Trends wie **»Mediterranes Ambiente«**, **»Orient-Flair«** oder **»Japangärten«** länger, um sich zu etablieren. Dafür bleiben sie dann aber auch eine Dekade und mehr. Bei den Blütenfarben kommen und gehen »In-Töne« wie Orange oder Lila etwas schneller. Was bleibt, sind monochrome Topfgärten in Blau oder Weiß. Ausgewählte Beispiele dieser aktuellen Dauerbrenner stellen wir Ihnen ab S. 72 vor.

Praktisch gesehen,

haben Sie an Ihrem Topfgarten am meisten Freude, wenn Sie sich mit der Praxis auskennen. Denn ob winterfest oder frostempfindlich, stylisch oder klassisch, Frühling oder Herbst – kein Gestaltungsziel lässt sich besser erreichen, als wenn sich die Pflanzen wohl fühlen, kräftig wachsen und üppig blühen. Ab Seite 120 erfahren Sie deshalb alles Wissenswerte zum Gießen, Düngen, Schneiden und zur richtigen Überwinterung. Unsere Autorin Tanja Ratsch vermittelt Ihnen dabei Praxistipps aus erster Hand, da sie sich in der Versandgärtnerei »flora toskana« täglich um die Kübelpflanzenpflege und Kundenberatung kümmert (www.flora-toskana.de).

Am Anfang steht der Topf

Ton & Terrakotta

Die Auswahl an Pflanzgefäßen von Asia- bis Impruneta-Terrakotta ist riesig. Kaufentscheidend sind nicht nur Preis und Optik, sondern vor allem die Eignung für Ihre Pflanzen in Qualität und Form.

Welcher ist der richtige? Der Kauf eines Topfes ist oft eine Wahl fürs Leben, die wohl überlegt sein will. Hochwertige Gefäße können Jahrzehnte, ja sogar Jahrhunderte halten, wie die historischen Stücke herrschaftlicher Parkanlagen beweisen.Grundsätzlich gilt: Je dickwandiger ein Topf, umso höher seine Lebenserwartung, denn beim Anecken oder Umfallen bricht er nicht sofort entzwei. Und selbst das ist noch nicht das Ende, denn es gibt Möglichkeiten zum Reparieren (siehe Seite 125).

Den Ton geben in der international gewordenen Welt schöner Pflanzgefäße Ton & Terrakotta an. Doch worin besteht der Unterschied? »Ton« ist zunächst ein Begriff aus der Geologie und bezeichnet Bodenarten, deren Bestandteile kleiner als 0,002 mm sind.

Nimmt man Ton in die Hand, schmiert er die Hautrillen zu. Der Vorteil: Er lässt sich gut kneten und zu Gegenständen formen, deren Wände kaum Lufteinschlüsse enthalten. Gebrannt wird Ton hart und haltbar.

Tonböden gibt es in allen Erdteilen, allerdings sind ihre mineralischen Bestandteile verschieden. In der Region um das italienische Florenz enthält er hohe Anteile an Aluminium-, Kupfer- und Eisenoxiden. Sie verleihen den Tonwaren ihre warme Farbe. **»Terracotta«** ist lediglich der italienische Begriff für »gebrannte Erde«. Der Name **»Impruneta«** oder »Impruneta-Terrakotta« ist dagegen ein Markenzeichen, das nicht nur die Herkunft aus der Region um die italienischen Orte Siena und Impruneta kennzeichnet, sondern auch bescheinigt, dass die Töpfe handgearbeitet sind. Die zumeist familienbetriebenen Werkstätten fertigen die Gefäße seit Generationen nach historischen Vorbildern an. Durch Kalkanteile im Ton, die mit verdunstendem Wasser »ausblühen«, färben sich die Töpfe typisch weißlich.

Brief & Siegel, dass es sich um echte italienische Terrakotta handelt, gibt Ihnen ein Stempel, der in die Gefäßwand gedrückt ist. Vor allem echte Impruneta-Terrakotta wird auf diese unverfälschliche Weise signiert. Die weißen Ausblühungen sind bei diesem dickwandigen, handgefertigten Gefäßen gewollt und machen ihren besonderen Charme aus. Wischen Sie das Weiße deshalb nicht ab.

▼ ***Very british*** mit ihrem typischen, dunkel rostroten Farbton sind Tongefäße aus England. Whichford-Potteries wurden durch ihr Streifenmuster weltbekannt. Doch auch andere Werkstätten haben mit ihren begehrten Motiven nach gregorianischem oder viktorianischem Vorbild ihr eigenes Klientel. Wer möchte, dass sie rasch eine grüne Patina ansetzen, streicht die Wände mit Joghurt ein.

Töpfe mit Tradition:

Tongefäße zählen zu den ältesten Aufbewahrungs- und Transportbehältern der Menschheit. Jeder Erdteil, jede Region hat eine eigene Topftradtion mit spezifischen Formen und Mustern, die oft bis heute gefertigt werden. Sie helfen, die verschiedenen Stile in Ihrem Topfgarten zu unterstreichen: Impruneta das Mediterrane, Amphoren gleichzeitig das Griechische und Orientalische und Whichford-Pottery das Englisch-Elegante.

◄ ***Griechischer Wein*** und andere Köstlichkeiten wurden schon im Altertum in Krügen, Vasen und Amphoren mit einem hellen, beigen Farbton aufbewahrt. Heute dienen die griechischen Formen als Deko-Objekte für Haus & Garten. Füllen Sie die bauchigen Formen nicht mit Erde auf, sondern hängen Sie einen passenden Topf in die Öffnung. So ist gewährleistet, dass Sie die Pflanze zum Umtopfen wieder herausbekommen!

◄ ***Tontöpfe*** sind die einfachste Form von »terracotta«, d. h. gebrannter Erde. Sie werden maschinell hergestellt und sind keine Schmuckgefäße, sondern meist Anzuchttöpfe. Da über die Wände Wasser verdunstet, müssen Sie im Sommer häufiger nachgießen. Im Winter kühlt das verdunstende Wasser die Topfwände und Wurzeln – ein Nachteil für kälteempfindliche Pflanzen. Kalk- und Grünbeläge lassen sich mit Seifenlauge leicht entfernen.

Unglasierte Untersetzer geben an den Untergrund Feuchtigkeit ab. Es bilden sich leichter Ränder. Sommerblumen wie die Kapkörbchen *(Osteospermum)* freuen sich über den Wasservorrat, den sie an heißen Tagen zusätzlich aufnehmen können.

Immer in Bestform

sind Gefäße, die eine **breite Standfläche** haben und nach oben breiter werden. Eine feste Basis garantiert, dass die Töpfe bei Windböen nicht umfallen. Formen, die sich nach oben konisch erweitern, erleichtern überdies das Umtopfen: Selbst stark durchwurzelte Pflanzen lösen sich aus **trichterförmigen Gefäßen** leicht wieder heraus. Werden die Gefäße dagegen nach oben schmaler, geht das nur mit größeren Wurzelverlusten, wenn überhaupt, ohne den Topf zerstören zu müssen. Für Ihre Pflanzen ideal sind möglichst hohe Gefäße, denn Wurzeln wachsen nunmal naturgemäß in die Tiefe. Hohe Pflanzsäulen sind deshalb besser als **Schalen**, die zwar einen großen Durchmesser, aber kaum Tiefgang haben. In ihnen fühlen sich auf Dauer nur Polsterpflanzen oder extrem kleinwüchsige Arten wohl. Die meisten Sträucher schätzen dagegen **tiefgründige Gefäße**, sonst schieben sie die Erdballen mit der Kraft ihrer Wurzeln aus dem Topf empor!

Idealmaße

hat ein Topf dann, wenn er mit der Pflanze harmoniert. Immer richtig liegen Sie, wenn Gefäß und Krone gleich groß sind. Mehr als doppelt so breit wie der Topf sollte eine Pflanze nicht sein, ebensowenig mehr als dreimal so hoch. Das sieht unproportioniert aus. Schöne Kontrast-Effekte erzielen Sie dagegen, wenn die Bepflanzung wesentlich kleiner ist als das Gefäß, zum Beispiel wenn Polsterpflanzen einer hohen Vase aufsitzen. Spielen Sie auch mit den Formen: Kugelrunde Pflanzen sehen in einem ebenso runden Topf zwar gut aus, in einem eckigen Gefäß aber um Klassen besser. Sie sehen: Es kommt nicht darauf an, beim Kauf den schönsten Einzeltopf auszusuchen, sondern dass Gefäß und Pflanze zueinander passen.

Füße im gleichen Design wie die Töpfe sind eine dekorative Möglichkeit, die Pflanzen vor Staunässe und den Bodenbelag vor Flecken zu bewahren.

Unten drunter

tragen Töpfe lieber Füße als Untersetzer, vor allem diejenigen, die das ganze Jahr im Freien bleiben. **Untersetzer** sind prima, um im Sommer besonders durstigen Pflanzen bei jedem Gießen einen Wasservorrat mit in den Tag zu geben. Bei häufigem Dauerregen und im Winter kann das Reservoir jedoch rasch des Guten zu viel werden und die Erde samt den Wurzeln vernässen. Zudem bleibt der Bodenbelag unter den Untersetzern feucht, und Grünbeläge siedeln sich an.

Besser sind deshalb **»Füße«**, die man an drei bis vier Stellen unter die Töpfe legt. Wer dazu keine fertigen Modelle aus glasierter Terrakotta, Steingut oder Kunststoff kaufen möchte, kann Klinkersteine oder imprägnierte Holzstücke unterlegen. Dadurch fließt überschüssiges Gieß- und Regenwasser leichter zu den Bodenlöchern ab, die jeder Topf haben sollte. Der Bodenbelag bleibt, bis auf die kleinen Stellflächen der Füße, trocken und sauber.

Kunststofftöpfe haben viele Vor(ur)teile

Alles Schleppen hat ein Ende, wenn Sie für Ihren mobilen Topfgarten Kunststoffgefäße verwenden. Denn sie sind so leicht wie kein anderes Material, dabei trotzdem stabil, farbecht und absolut wetterfest. »Und trotzdem mag ich keinen Kunststoff«, ist auf diese Argumente meist die Antwort. Logik hin, Emotion her: Die **Gusstechnik** ist inzwischen so verfeinert worden, dass die Imitate ihren tönernen Originalen inklusive Ornamenten und Patina täuschend gleich sehen. Wer es stattdessen modern liebt, findet unter den »Plastikaten« eine reiche Auswahl poppiger und ausgefallener Modelle von neonfarben bis durchsichtig. Denn in Kunststoff lassen sich verrückte Formen leichter gießen als aus Ton formen, trocknen und brennen. Das Wichtigste aber ist: Sie schonen beim Tragen der Pflanzen im Frühjahr und Herbst Ihren Rücken – je mehr, umso größer Pflanze & Topf sind.

Rechts: **Lange Zeit als »unökologisch« verpönt, entdecken immer mehr Topfgärtner die Vorteile leichter, unzerbrechlicher Kunststofftöpfe in modernem Design.**

Links: **Gut gemachten Kunststoffgefäßen mit »natürlichen« Blessuren und unregelmäßiger Patina sieht man nicht an, dass sie nicht aus Terrakotta sind.**

Auf der Trendwelle schwimmen nicht nur Surfer und Wellenreiter. Aus dem gleichen Material, aus dem ihre Boards gefertigt sind, stellt man heute immer mehr Pflanzgefäße her: aus **Fiberglas**. Die flexiblen Glasfasermatten lassen sich in Formen nahezu jeder Art und Größe legen und mit einer aushärtenden Masse verbinden, die sicher wetter-, druck- und stoßfest ist – auch zum Selberbasteln.

Asia-Terrakotta, Steingut & Keramik: Wie frostfest sind sie wirklich?

Wetterfest, frosthart, winterbeständig – wer blickt da eigentlich noch durch, welches Gefäß man im Winter nun draußen lassen kann und welches nicht? **»Wetterfest«** heißt im Grunde nur, dass Sie die Objekte ins Freie stellen können, ohne dass die Farbe abgewaschen oder das Material angelöst wird. Ein Qualitätsmerkmal ist dieser Begriff wahrlich nicht. **»Frostbeständig«** sagt, dass leichter Frost vertragen wird, aber die Töpfe einen ganzen Winter möglicherweise nicht unbeschadet überstehen. Nur »winterhart« und »frostfest« sind Prädikate, die eine längerfristige Freilandtauglichkeit signalisieren. Aber ein Restrisiko bleibt auch hier.

Wie entstehen Frostschäden eigentlich? Gefäße aus Ton enthalten in ihren Wänden viele kleine Poren, in die Wasser eindringen und sich sammeln kann. Bei Dauerfrost werden diese feinen Partikel zu Eis, das ein größeres Volumen hat als Wasser. Durch die Ausdehnung reißen die Gefäßwände oder Stücke platzen ab. Für

Fragen Sie beim Kauf von glasierten Töpfen und Keramik nach deren Freilandtauglichkeit. So schön viele sind: Die meisten sind nicht frostfest!

die Frostfestigkeit von Gefäßen gilt:

- **Je grobporiger** das Topfmaterial ist, umso mehr Feuchtigkeit nimmt es auf und umso größer ist die Frostgefahr. Bedingt durch die Fertigung sind handgearbeitete Tontöpfe in der Regel deutlich feinporiger als solche aus industrieller Produktion.
- **Je dünnwandiger** ein Topf ist, umso gravierender wirken sich Frostschäden aus, da schon ein feiner Riss eine ganze Wand durchtrennen kann. Bei dickwandigen Gefäßen kratzen Haarrisse nur an der Oberfläche und sprengen Ornamente ab, beeinträchtigen aber die Stabilität des Topfes nicht.
- **Glasierte Töpfe** sind besser vor Frost geschützt, da die Glasur wie eine zweite Haut für den Tonkern wirkt. Je besser die Glasur gearbeitet ist, umso weniger Risse bilden sich auch mit den Jahren.
- **Je höher die Temperatur** ist, bei der die Topf-Rohlinge gebrannt werden, umso weniger Wasser nehmen sie später auf. Tonwaren sind in diesem Sinne am ungünstigsten, da sie bei nur 900 bis 1 000 °C gebrannt werden. Sie können den Unterschied hören: Hochwertige, bei Maximaltemperaturen gebrannte Tontöpfe klingen beim Dranklopfen fast blechern, minderwertige Waren, die viel Wasser ziehen, dumpf. Steinzeug kann dagegen bei 1 200 bis 1 250 °C gebrannt werden. Seine Wasseraufnahmefähigkeit liegt bei rund 2 %, die von Ton bei 20 bis 25 %.

Keramiken können beim Härtetest am wenigsten mithalten: Sie sind größtenteils mit für den Indoor-Gebrauch gemacht. Ihr Vorteil: Sie sind weitaus preiswerter als »Terracotta & Co.«. Im Sommer können sie im Freien stehen, im Winter aber sollte man sie ins Haus holen. Das gilt auch für Gefäße anderer Art, die Ihnen sehr ans Herz gewachsen oder wertvoll sind. Setzen Sie sie nicht unnötig der Frostgefahr aus. Winterharte Kübelpflanzen, die ganzjährig im Freien bleiben, können als Ersatz einen anderen Übertopf bekommen – oder sie bleiben einfach in ihren Kulturtöpfen stehen. Da man viele von ihnen ohnehin mit Winterschutzmaterialien umwickelt, ist von der Schönheit eh' nichts zu sehen.

Für glasierte Asia-Terrakotta werden Tonstränge von Hand zu Töpfen gedreht oder in Gipsformen eingeschichtet. Die getrockneten Rohlinge bekommen einen Glasuranstrich, der erst nach dem Brennvorgang bei 1 000 bis 1 200 °C seine Farbe erhält.

Glänzender Auftritt für Metallgefäße

Vom Blei zum Blech ist ein großer Sprung: Das eine ist edel und alt, das andere preiswert und modern. Bleigefäße dienten von der Mitte des 17. bis zum frühen 19. Jahrhundert als Regenwasserspeicher in den Gärten oder vor den Stadthäusern wohlhabenden Familien. Da Blei ausgesprochen langlebig ist, hat so manches Exemplar die Jahrhunderte überdauert. Wer sich ein solches antikes Stück nicht leisten möchte, kann auf moderne Nachbildungen zurückgreifen, die jedoch ebenfalls ihren Preis haben, da sie in geringen Stückzahlen gegossen werden. Dafür haben sie mit ihrem graublauen Schimmer und dem Anflug von Grünspan eine Eleganz und Haltbarkeit, die ihresgleichen sucht. Denn obwohl die Wände dünn sind, halten sie dauerhafter Feuchtigkeit ebenso stand wie Frost.

Gefäße aus Edelstahl kosten inklusive Buchs *(Buxus)* ein paar Euro, halten dafür aber eine Ewigkeit. Preiswerter sind Kästen aus verzinktem Blech oder Eisen für Ihre Alpenveilchen *(Cyclamen)*.

Ikea & Co. sind heute zusammen mit den Baumärkten und Gartencenter-Ketten Hauptanbieter von **verzinkten Blechgefäßen**. Zu tausenden finden Sie als Eimer, Gießkannen, Töpfe, Schalen oder bepflanzbare Dachrinnen ihren Weg in die Wohnwelt von heute. Und das mit gutem Grund, denn sie lassen sich für individuelle Ideen von Groß bis Klein einsetzen – und kosten dabei nur wenige Euros pro Stück. Sie können ganzjährig im Freien stehen, wo sie zwar ihren Glanz, aber dank der Verzinkung nicht ihre Stabilität verlieren. Erst Kratzer oder Beulen, die die Zinkschicht aufreißen oder abplatzen lassen, führen zu Rostflecken. Unbeschädigt hat man an den Gefäßen dagegen jahrelang, oft Jahrzehnte Freude. Weniger wetterfest, aber dafür schön farbig sind **emaillierte Gefäße**. Solange die Emaillierung schadlos bleibt, halten sie ewig. Schadstellen aber machen den Weg für Wasser und Eis frei, das die Schichten immer weiter abplatzen lässt. Dennoch: Auch sie sind günstig und bieten für wenig Geld viel Freude.

Verzinkte Blechgefäße sprechen junge Leute und Junggebliebene an, da sie leicht, preiswert und vielfältig einsetzbar sind, z. B. für Männertreu *(Lobelia)*, Glockenblume *(Campanula)* und Ziergräser.

Heavy Metal ist im Spiel, wenn Pflanzgefäße aus **Aluminium** oder **Edelstahl** gegossen werden. Beide ros-

Rost ist chic und verleiht himmelblauen Glockenblumen *(Campanula)* noch mehr Charme. Achten Sie auch bei diesen Gefäßen auf Löcher im Boden, damit überschüssiges Wasser ablaufen kann.

ten nicht und könnten im Freien eingesetzt werden. Beide Materialien werden aber durch Wassertropfen und andere Witterungsspuren fleckig und stehen draußen nicht so glanzvoll da, wie sich ihre Besitzer das meist vorstellen. Deshalb sind solche Gefäße eher etwas für überdachte, wettergeschützte Balkone, Wintergärten oder Innenräume.

Wer rastet, der rostet – da geht es auch **Eisengefäßen** nicht anders. Aber: Sie sehen umso besser aus, je älter sie werden und je stärker sie rosten. Keine Angst: Die Rostschicht zerstört dickwandige Gefäße nicht, sondern schützt sie sogar. Ist der Rost dick genug, gelangt nämlich kein Sauerstoff mehr zum Metallkern, und die Gefäße sind wie durch eine Haut geschützt. Nur berühren sollte man sie nicht allzu häufig, denn sie hinterlassen hartnäckige Rostspuren an Kleidung und Händen. Eisenvasen, -amphoren, -kelche oder -schalen sind deshalb draußen im Garten am besten aufgehoben und weniger im direkten Wohn- und Sitzbereich. Übrigens: Der Rost schadet den Pflanzen nicht. Im Gegenteil: Pflanzen brauchen Eisen als Spurennährstoff in der Erde.

Aus einem Guss sind **gusseiserne Gefäße**, die am häufigsten in pulverbeschichteten, schwarzen Varianten zu sehen sind. Alternativ wird die Oberfläche oxydiert, um sie zu versiegeln und dadurch wetterfest zu machen. Bei allen Metallgefäßen ist eines wichtig: Sie müssen ein großes, oder mehrere kleine Löcher im Boden haben, damit überschüssiges Wasser ablaufen kann. Da formschöne Kelche oder Vasen nach antiken Vorbildern gerne auch als reine Dekorationsobjekte für Indoor verkauft werden, fehlen diese Abzugslöcher häufig. Dann müssen sie nachträglich hineingebohrt werden, denn ohne Abflussmöglichkeit würde die Pflanzerde rasch vernässen und das Wurzelwerk zu faulen beginnen.

Kupfertöpfe setzen schon nach kurzer Zeit Grünspan an, verlieren ihren rot-goldenen Schimmer und wirken dann richtig toll antik. Sie brauchen gar nicht viel Geld für eine echte Anitquität auszugeben: Auch neue Modelle sehen ganz schnell alt aus. Am schönsten sind Kupfertöpfe, -wannen oder -karaffen, wenn die Wände die einzelnen Hammerabdrücke von der Schlagbearbeitung und damit die echte Handarbeit erkennen lassen.

Grau und grau gesellt sich gern, und so passen Salbei *(Savia)*, Silberkraut *(Artemisia)* und Lavendel *(Lavandula)* prima zu »Bleigefäß & Zinnkaraffe«.

Auf Stein gebaut: Töpfe für die Ewigkeit

Grob behauene Steintröge sind Unikate, die den Sitzplatz in Ihrem Garten felsenfest begleiten. Granit ist besonders wetterfest und gibt grauhalmigen Schwingel-Arten *(Festuca)* ein dauerhaftes Zuhause.

Steinreich sind Sie erst, wenn Sie neben schönen Mauern und Sitzbänken auch ein paar steinerne Gefäße in Ihrem Garten haben. Denn kein Material ist uriger und bodenständiger als Stein. Es bringt Ruhe in den Garten und Beständigkeit in noch so bunte Blumenarrangements.

Felsenfest ist leider nicht jede Gesteinsart. **Sandstein** beispielsweise, der in südlichen Ländern gerne eingesetzt wird, wird bei Regen stetig ausgewaschen und -gehöhlt. Da Regen im Süden nur selten fällt, haben die Gefäße dort Bestand, in unserer Klimaregion aber zerfallen sie mit den Jahren regelrecht, zumal sich in der grobporigen, muldenreichen Oberfläche im Winter Wasserpfützen sammeln. Gefrieren sie, dehnt sich das Eis aus und entwickelt eine Sprengwirkung, die Sandstein mürbe macht. Gleiches gilt für Kalkgesteine wie sie in den Alpenregionen abgebaut werden. Auch sie verlieren durch Auswaschung stetig an Substanz und bröckeln im Winter. Weitgehend ungeeignet ist auch **Marmor**, da er sehr empfindlich auf Säuren reagiert und dadurch nicht nur vergilbt, sondern auch angegriffen wird. Besser geeignet sind **Granitgesteine:** Sie sind fest und klein-porig. Gleiches gilt für Basalt.

»Es kommt darauf an, was man daraus macht« – ein einprägsamer Slogan der **Beton**-Wirtschaft, der diesem Baustoff den Weg in die Haute Couture der Dekoszene geebnet hat. Aufgrund der grauen, kiesgespickten Klötze in den Fußgängerzonen haben Gefäße aus Beton immer noch einen schlechten Ruf. Dabei kann aus diesem Werkstoff eine Menge machen, zum Beispiel durch Zugabe von Farbstoffen, die wetter- und lichtbeständig sind. Die Sandkörnung und -farbe, die mit Zement und Wasser zu Beton vermischt wird, bestimmt darüber, ob die Gefäßwände fein strukturiert oder grob gerastert sind. Und nicht zuletzt entscheiden natürlich die Gießformen, in die der Beton eingefüllt wird, ob ein Klotz oder eine elegante Vase herauskommt.

Der Grünschleier der Jahre lässt steinerne Gefäße mit dem Garten zu einer Einheit verschmelzen. Angesichts der in Stein gemeißelten Schönheit wird die Bepflanzung oft glatt zur Nebensache!

Mit etwas handwerklichem Geschick können Sie **Betontröge** sogar **selber gießen**. Dazu brauchen Sie einen Styroporblock. Daraus wird die Außenkontur des geplanten Topfes herausgeschnitten. Das herausgetrennte Styroporstück wird um das Maß verkleinert, das der späteren Wanddicke des Topfes entsprechen soll, wieder eingesetzt und fixiert. Gießen Sie den Beton ein und lassen ihn aushärten. Das Styropor entfernen – fertig ist ein schweres Gefäß, das so schnell keiner klaut. Und noch ein Tipp: Je rauer das Styropor, umso strukturreicher die Topfwände.

Diebstahlsicher und trotzdem attraktiv: Betonvasen werten in Cafés und an Stadtplätzen das Bild der Fußgängerzonen auf – und bei Ihnen zu Hause den Garten oder Hauseingang.

Rasch reparieren lassen sich Betongefäße obendrein. Obwohl es freilich nur selten vorkommt, dass sie ohne rohe Gewalt überhaupt kaputt gehen. Sollte es dennoch passieren, können Sie eine Betonschlämme ansetzen. Dabei handelt es sich um nicht zähflüssigen, sondern fließenden Beton, mit dem man eventuelle Risse verkittet. Aushärten lassen, Unebenheiten nachschleifen - fertig.

Gips dagegen ist in unserem Klima nicht angeraten: Figuren und Töpfe aus Gipsgemischen halten dauerndem Regen nicht lange Stand - und Frost schon gar nicht. Wenn Sie also aus dem Urlaub in Südeuropa preisgünstige, weiße Schmuckstücke mitbringen, brauchen Sie für diese einen wettergeschützten Platz. Wer etwas Dauerhaftes für den Garten möchte, kommt nicht umhin, ein Objekt aus handbehauenem Stein zu erwerben. Sie sind meist eine Anschaffung fürs Leben - und das nicht nur, weil sie ewig halten, sondern auch, weil sie viel Geld kosten.

Die hohe Stellung von Steingefäßen wird dadurch betont, dass sie meist erhöht stehen. Wenn Sie zu dem anvisierten Modell gleich eine passende Säule angeboten bekommen, sollten Sie zugreifen. Nachträglich findet man ein passendes Stück oft nur mit Mühe. Bedenken Sie auch, dass **Stein- und Betonsäulen** sehr schwer sind und meist mit Maschinenhilfe in den Garten gebracht werden müssen. Damit diese auf dem Weg zum Standort mit ihren Reifen nicht zu viel Rasen- oder Beetflächen in Mitleidenschaft ziehen, sollten Sie das Platzieren der Säule möglichst schon bei der Gartenanlage – zumindest aber im Zuge einer Gartenrenovierung – vornehmen. Und auch mit dem Umstellen von Steintöpfen hält man sich besser zurück. Die Regel vom mobilen Topfgarten trifft bei diesen »Felsen in der Brandung« ausnahmsweise nicht zu: Sie sind zu schwer.

Pflanzschalen aus hellem Betonguss florieren auf dazu passenden Säulen samt Hortensie und Efeu in Augenhöhe. Keine Angst bei Wind: Diese Gefäße sind so schwer, dass sie nicht herabfallen können.

Fässer, Bottiche & Kästen: Mit Holz liegen Sie immer richtig

Bei großen Pflanzen sind Holzgefäße die preiswertere Alternative zu Terrakotta & Co. Zur Erhöhung der Stabilität wird der Holzrahmen meist durch Metallstreben ergänzt .

Der Vorteil von Holz liegt darin, dass es leicht zu verarbeiten ist. Man muss es nicht bei 1 000 °C und mehr brennen wie Ton, man braucht weder Schmiedewerkstatt wie beim Eisen noch Gussformen wie für Kunststoff- und Betontöpfe. Und: Holz ist ein vergleichsweise preiswerter Baustoff, der überall zu haben und nicht wie bestimmte Gesteinsarten auf einzelne Regionen beschränkt ist. Der Nachteil: Holz ist nicht besonders haltbar und rottet, wenn es dem ständigen Wechsel aus Feuchtigkeit und Trockenheit ausgesetzt ist. Den Prozess verzögern helfen **Imprägniermittel** wie Lasuren und Lacke, die man alle zwei bis drei Jahre auf die Bohlen und Bretter aufträgt. Alte Anstriche schleift man dazu ab oder raut sie mit Schmiergelpapier an, damit die neue Farbe besser ins Holz eindringt. Achten Sie bei der Wahl der **Streichmittel** auf möglichst umweltfreundliche Fabrikate. Lösungsmittel und andere Stoffe könnten in die Erde diffundieren und empfindlichen Wurzeln schaden. Sorgen Sie bei Holzgefäßen noch stärker für einen guten Wasserablauf als bei Tontöpfen und legen Sie Füße unter (siehe Seite 12). Dann trocknen die Hölzer schneller ab, und Holz zersetzende Pilze können sich deutlich langsamer ansiedeln.

Von Natur aus geschützt sind Hölzer dann, wenn sie ständig von Wasser umgeben sind wie versunkene Holzschiffe oder die Stützpfähle von Venedig, die Jahrhunderte halten. Nur der Wechsel von Luft und Wasser macht die Holzfasern mürbe. Bottiche für Mini-Teiche, die stets mit Wasser gefüllt sind, rotten von in-

nen nicht. Und sie halten ohne jedes Dichtungs- oder Klebemittel absolut dicht. Hat der Küfer sie passgenau zugeschnitten, quellen sie im Wasser so auf, dass sich die Nahtstellen perfekt schließen. Trocknet das Holz dagegen aus, klaffen die einzelnen Bohlen so weit auseinander, und die Metallringe, die sie sonst zusammenhalten, sind so locker, dass man kaum an »Dichtigkeit« glauben mag.

Aus welchem Holz

der Topf geschnitzt ist, entscheidet über die Haltbarkeit. **Eichenholz** hält lange – das lernen wir schon in der Schule. Wussten Sie aber, dass selbst unbehandeltes **Robinienholz** noch haltbarer ist? Und dass diese Laubbäume zunehmend auch in unseren Wäldern wachsen? **Fichten- und Kiefernholz** hält im Freien wenig aus. Es ist zwar weich und lässt sich leicht be- und verarbeiten, aber wenn schon nach wenigen Sommern alles morsch ist, macht die

Oben: **Wer keine Gelegenheit hat, ein Barrique-Fass zu erwerben, kann fabrikneue Holzbottiche kaufen. Mit der Zeit vergrauen die Bretter, es sei denn, man frischt die Lasur jedes Jahr einmal auf.**

Mitte: **Was könnte zu einem hölzernen Bauernhaus besser passen als ein bepflanztes Holzfass? Füllen Sie es nicht ganz mit Erde, sondern hängen Sie eine passende Pflanzschale in die Öffnung ein.**

Unten: **Halbierte Holzfässer, die zu Mini-Teichen umfunktioniert werden, brauchen Sie nicht mit Folie auszulegen oder abzudichten. Setzen Sie nur wenige Pflanzen, damit das Wasser klar bleibt.**

Bastelei nicht wirklich Spaß. Verzichten Sie aber wenn möglich auf **Tropenhölzer** wie Bankirai, die mit ihrer besonders langen Lebensdauer werben. Sie werden zwar unter dem Label der »nachwachsenden Rohstoffe« produziert, aber für die Plantagen, in denen diese Baumarten wachsen, musste ebenso ein Stück Regenwald weichen. Wer die riesigen Kahlschlagsflächen in Nordamerika gesehen hat, wird ebenso freiwillig auf die wetterfeste Rotzeder verzichten wollen. Bleiben Sie doch einfach beim »Holz vor der Hütte«, das in europäischen Wäldern wächst und keine Weltreise zu uns unterwegs ist.

Guter Wein und große Bottiche

gehören zusammen wie ein schöner Topf und eine prächtige Pflanze. Die Winzer lassen ihre edlen Tropfen bis heute in Eichenfässern **(Barrique-Fässern)** reifen. Nachdem sie einige Male von innen frisch angeschliffen wurden, um ihre Gerbstoffe an die Flüssigkeiten abzugeben und diese herb bis rauchig zu würzen, sind sie für die Wein- oder Whiskey-Produktion nicht mehr geeignet und werden ausgemustert. Wer sich rechtzeitig bei den Produzenten (z. B. Winzergenossenschaften) meldet und sich auf eine Warteliste setzen lässt, hat gute Chancen, ein Fass zu erwerben. Ebenso gut wie im Ganzen lassen sich die Fässer übrigens auch halbiert verwenden – ein doppelter Spaß.

Aus Alt wird Neu: Schöne Töpfe aus Kunst & Krempel

Eine alte Badewanne bietet einem Potpourri aus Wasserkübeln und trockenheitsverträglichen Pflanzen eine individuelle Bühne.

Recycling beginnt nicht erst auf dem Werstoffhof. Wer alte Dinge schon zu Hause einer neuen Verwendung zuführt, anstatt sie wegzuwerfen, spart nicht nur Müll, sondern auch Geld. Denn Ausgedientes ist kostenlos, und am Ende oft sogar schöner als Neuwaren, denn solche Stücke sind einzigartig und ungewöhnlich. Stöbern Sie Ihren Keller oder Dachboden durch: Emaillierte Töpfe mit kleinen Macken in himmelblauen oder roten Farben sind tolle Übertöpfe. Auch alte Kasserolen, Bräter oder Pfannen, die ihre Antihaftbeschichtung längst verloren haben und zum Kochen nicht mehr taugen, geben nostalgisch-schicke Pflanztöpfe für kleine Staudengäste ab. Sogar Gläser, Tassen und Teller eignen sich als temporäre Pflanzgefäße.

Zum Stöbern nach alten Dingen von der Terrine bis zum Futtertrog sind **Flohmärkte** wahre Fundgruben. Schließlich kann längst nicht jeder auf einen vollen Dachboden von den Vorvätern zurückgreifen. Preiswerte, noch nicht instand gesetzte Stücke brauchen oft nur eine Reinigungskur mit dem Druckstrahler oder der Drahtbürste – und laden dann zu individuellen Arrangements ein.

Trockenkünstler wie Fetthennen *(Sedum)* finden selbst in den Löchern eines Ziegelsteins ihr Auskommen und sind tolle Hingucker auf Tischen und Treppen.

◄ ***Alles im Eimer*** ist hier außer leckeren Kräutern wie Zitronenmelisse *(Melissa)* oder Pfefferminze *(Mentha)* nichts. An stabilen Wäscheschnüren sind die Henkel der Emaille-Eimer unter einem Dachvorsprung aufgehängt. Wenn Sie die Schnüre über Flaschenzüge spannen, können Sie die Töpfe sogar bequem zu sich herabziehen – und danach mit einem Zug wieder nach oben hieven.

▼ ***Ab ins Körbchen*** können Ihre Pflanzen meist nur für eine Saison, denn die ständige Feuchtigkeit setzt dem Flechtwerk aus Weiden gehörig zu. Besser dräniert sind die kleinen Körbe, die sich auch prima als Geschenk für die nächste Gartenparty eignen, wenn man sie auf ein Bett aus Kies stellt. Die Innenflächen der Körbe werden mit Folie ausgekleidet, die nur am Boden kleine Löcher für den Wasserabzug hat. Die Folienränder können Sie mit Moospolstern kaschieren.

▲ ***Aus der Konserve*** kommen hier nur die Pflanzgefäße. Damit die Pflanzerde für die Schneeflockenblumen (*Sutera*) in den Blechdosen hält, wird ein Stück Gemüsenetz über die Öffnung gespannt.

◄ ***Im Olivenöl-Kanister*** fühlen sich einjährige Kräuter oder Erdbeeren pudelwohl und sichern eine kleine, feine Ernte. Fragen Sie in der Gastronomie nach, ob dort solche »Großpackungen« abzugeben sind.

► ***Schöner Schrott*** ist lokal überall auf den Schrottplätzen zum Materialwert erhältlich. Hier finden Sie vom Autofilter bis zum Zylinderdeckel ungewöhnliche Behältnisse aus verschiedenen Metallen, die sich zum Bepflanzen eignen, sobald sie gereinigt sind. Ums Rosten müssen Sie sich keine Gedanken machen, das tun die guten Stücke ohnehin schon, halten aber trotzdem noch ewig und sehen (fast) wie Kunstobjekte aus.

Oben: **Dieses Topfmännchen heißt die Besucher eines Kindergartens allmorgendlich willkommen. Seine Körperteile sind mit stabilen Drähten und Eisenstäben verbunden.**

Mitte: **Statt mit Tee oder Kaffee können Sie Tassen mit kleinen Blessuren auch mit Hauswurz *(Sempervivum)* füllen und damit den Kuchentisch am Nachmittag dekorieren.**

Unten: **Altes Geschirr kommt in einem Bett aus Sternmoos *(Sagina)* zu neuen Ehren. Eine ausgediente Holzschublade dient als Rahmen. Verwenden Sie gut durchlässige, steinige Pflanzerde.**

Alte Badewannen brauchen zwar Platz im Garten, entzünden aber ein ganzes Feuerwerk an Ideen. Im Frühling erblüht in ihnen eine ganze Narzissenwiese, im Sommer brandet ein buntes Sommerblumenmeer, im Winter bedeckt sie ein grüner Teppich aus Efeu. Ziergräser sorgen für ein ganzjähriges Ballett oder ein Steingarten im Miniaturformat für ein Stück Alpen-Panorama mitten im Flachland. Kurzum: Eine antike Zink-, Emaille- oder Keramikwanne mit Füßen sollten Sie keinesfalls ausschlagen. Praktisch: Durch ihren Ablauf sind alle Wannen bereits mit einem Wasserabzug versehen. Einbauwannen, die beim Renovieren oft ausrangiert werden, sind dagegen eher was für Fans von Miniteichen: Sie werden in den Boden eingesenkt, befüllt und mit Kleinoden wie einer kleinwüchsigen Seerose *(Nymphaea)* bepflanzt. Frei stehend, sollte man Einbauwannen immer mit Mäuerchen umgeben, um die zumeist unlackieren, unschönen Wände zu kaschieren.

Ein Prosit können Sie auf **Trinkgefäße** aller Art im Topfgarten erheben. Ob Sie ein Weinglas für spontane Mini-Blumensträuße nutzen oder einen Maßkrug als Pflanztopf für kleine Sommerblumen wie Männertreu *(Lobelia)*, Duftsteinrich *(Lobularia)* oder Löwenmäulchen *(Antirrhinum)* - der Fantasie sind keine Grenzen gesetzt. Selbst als Dekostücke wie im Beispiel rechts sind Gläser & Co. stets ein Hingucker.

Einen Schub neuer Ideen machen **alte Schubkarren** möglich. Lohnt die Reparatur eines alten Stücks nicht mehr, sollten Sie sich trotzdem nicht von Ihrer Karre trennen: Die Wannen sind prima als Pflanzgefäße nachnutzbar. Sie brauchen allerdings einen schattigen Platz, da sich das Metall in der Sonne rasch erhitzt und die Wärme an die Erde und Wurzeln abgibt – in heißen Sommern ein Stressfaktor für Ihre Pflanzen.

Think big heißt im Topfgarten von heute das Motto, und so gibt es im Gartenland England Beispiele von **bepflanzten Kleinwägen**, die als Vorgartenschmuck für Aufsehen sorgen. Oder alte Bauernkarren, auf deren Anhängern Pflanzerde eingefüllt und bepflanzt wird. Liebevoll restauriert dient auch so mancher alte Eisenbahn- oder Bergwerkswaggon als Pflanzenhort, zuweilen stilvoll auf Schienen platziert, die ein Stück weit durch den Garten führen.

Strandgut sammelt man im Urlaub gerne. Zu Hause aber verschwindet es dann in Kisten, die keiner mehr anguckt. Wählen Sie stattdessen einige schöne Muschelstücke aus, mit denen Sie die Ränder oder Wände Ihrer Töpfe dekorieren. Man klebt sie mit Silikon auf oder drückt sie in eine aufgetragene Schicht Fliesenkleber. Kleberreste sorgfältig abwischen oder beim Silikon abrubbeln.

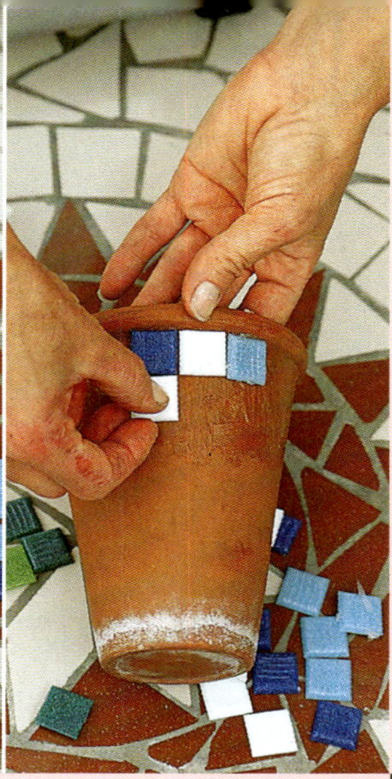

◄ ***Mosaiksteinchen*** können Sie aus Fliesenbruch selbst sammeln oder fertig in Bastelgeschäften kaufen. Einfacher als die Methode mit Fliesenkleber & Fugenmittel ist das Aufkleben der Steinchen mit Silikon. Dazu wird mit einer Silikonspritze aus dem Baumarkt etwas Silikon aufgetragen, verstrichen und die Steinchen fest angedrückt. Ist das Silkon oder Acryl am Folgetag ausgehärtet, füllt man die Fugen mit dem gleichem Material aus.

Töpfe selbst gestalten

Töpfe selbst gestalten macht Spaß – vor allem, wenn Sie sich mit Ihren Kindern gemeinsam ans Werk machen. Statt alte Tontöpfe oder schlichte Modelle, die Ihnen nicht mehr gefallen, beim nächsten Polterabend einzusetzen, bekommen sie mit Pinselstrich und Applikationen einen neuen Look. Achten Sie darauf, dass die verwendeten Farben und Materialien wetterfest sind. Im Winter holt man die Unikate dennoch besser ins Haus (siehe S. 14 f.).

◄ ***Graffiti*** ist im Stadtbild unerwünscht. Bei Ihnen zu Hause verwandelt die »Farbe aus der Spraydose« langweilige Gefäße in Glanzpunkte. Im Fachhandel erhalten Sie nicht nur matte, sondern auch mit Glitter versetzte oder »antik« wirkende Farben. Wichtig ist ein möglichst gleichmäßiges Besprühen, damit sich keine »Nasen« bilden. Tragen Sie die Farbe in mehreren Durchgängen auf und ziehen Sie zum Schutz der Haut Handschuhe an.

▲ ***Frei Schnauze*** zeichnen können nur wenige. Uns Normalsterblichen fällt das Bemalen von Gefäßen leichter, wenn man eine Schablone aus Pappe anfertigt. Je nach Untergrund kann man die Konturen mit Bleistift durchzeichnen und die Schablone entfernen. Oder man fixiert die Schablone fest auf der Topfoberfläche und malt die Motivfläche aus. Wenn Sie mehrere Farbschichten übereinander auftragen, muss die unterste zuvor gut durchtrocknen. Sonst verwischt man alles.

Trendig und doch zeitlos schön: Accessoires runden den Topfgarten ab

Vom tönernen Zapfen bis zum Löwen, von der Sonnenuhr bis zur Gießkanne zeigt sich die Leidenschaft des Gärtners für alles Schöne.

Kannen können im Topfgarten eine fast ebenso große Rolle wie die Töpfe selbst spielen. Der Grund: Eine reine Ansammlung von Pflanzgefäßen ist zwar nett, mit liebevoll ausgesuchten Accessoires aber wird sie Ausdruck Ihrer Persönlichkeit. Dabei ist hier nicht von teuren Skulpturen oder Vasen aus feinstem China-Porzellan die Rede, sondern von einfachen Dingen.

Gießkannen z. B. passen hervorragend ins Thema, solange sie nicht gerade aus grünem Plastik sind. Antike wie neue Blech- oder Kupferkannen finden Sie in vielen Formen, die zum Sammeln einladen. Und wer sie nicht einfach so dazustellen möchte, pflanzt kleine Sommerblumen hinein. Gleiches gilt für lecke Gummistiefel oder ausgelatschte Arbeitsschuhe: Sie zeigen schon von Weitem, dass hier ein passionierter Gärtner zu Hause ist, wenn man sie scheinbar »achtlos« zwischen die Töpfe stellt.

Windlichter in Form von **Glasvasen** oder **Laternen** haben in den letzten Jahren alle Wohnbereiche erobert. Im Freien sind sie besonders praktisch, denn in ihnen flackern die Kerzen auch bei Wind munter weiter. So sorgen sie nicht für eine stimmungsvolle Beleuchtung am Abend, sondern auch für die Betonung einzelner Pflanzen. Deshalb sollten Sie Windlichter nicht nur auf dem Tisch platzieren, sondern auch zwischen den Pflanzgefäße, um einzelne ins beste Licht zu rücken. Wenn Sie befürchten, dass die Kerzen am Abend Insekten anlocken, können sie Duftkerzen verwenden, die geflügelte Nachtschwärmer auf Distanz halten.

»Zapfenstreiche« gelingen Ihnen, wenn Sie klassische **Pinien-Zapfen** in Ihre mediterrane Topf-Oase aufnehmen: Sie gehören hier einfach zum guten Ton. Wie bei den Töpfen sollten Sie auch hier auf die Frostfestigkeit achten: Billige Fabrikate bröckeln oft schon nach dem ersten Winter.

Nur Töpfe allein machen noch kein schönes Gartenbild. Erst Gießkanne, Windlichter, Büste und kleine Dekostücke runden die Szene ab.

Eine göttlich gute Figur

machen nicht nur Aphrodite oder Zeus, sondern auch irdische Figuren wie Cäsar oder Sokrates, wenn sie in Stein gemeißelt mit strengem Blick über Ihre Töpfe wachen. Sparen Sie bei **Statuen und Büsten** nicht am falschen Ende: Je preiswerter die Stücke sind, umso weniger fein sind meist die Gesichtszüge gearbeitet. Und auch die Haltbarkeit bei Feuchtigkeit und Kälte lässt zu wünschen übrig. Investieren Sie stattdessen ein Mal in eine hochwertige Figur, der Sie jahrzehntelang mit gutem Gewissen ins Gesicht blicken können.

Schränkeweise schöne Pflanzen

bringen Sie in alten Regalen oder Schränken unter, die im Garten aufgestellt werden. Ein ramponiertes Stück aus dem Keller oder vom Flohmarkt komplettiert Ihr »Wohnzimmer im Grünen«. Damit Holzschränke der Witterung standhalten, müssen sie regelmäßig mit einer Schutzlasur eingelassen werden. Lacke platzen durch die Aktivität des Holzes leicht ab, das bei Feuchtigkeit quillt und bei Trockenheit schrumpft.

Als Rückendeckung ist eine Mauer oder Wand gefragt, die Halt und gleichzeitig etwas Witterungsschutz bietet. Frei stehende Regale oder Schränke müssen gegen Winde mit Schnüren abgespannt werden – ungünstige Stolperfallen für Ihren Garten. Zur Einrichtung der Schrank- oder Regalböden sind Ampelflanzen mit herabhängenden Trieben am besten geeignet, die sich vornüberlehnen und so in den vollen Sonnengenuss kommen können. Alternativ nutzt man die Outdoor-Schränke gleichzeitig als Lager für Werkzeuge und Töpfe. Und wer keinen wirklich alten Schrank für diesen Zweck hat, kann sich mit wenigen Brettern selbst einen zimmern oder Holzkisten zu Regalen übereinanderstapeln.

Nicht das Perfekte macht den Charme eines schönen Gartens aus, sondern die Gebrauchsspuren, die Geranien *(Pelargonium)* und Fleißige Lieschen *(Impatiens)* umso bezaubernder aussehen lassen.

Preiswert einkaufen

Pflanzen & Zubehör: Wo finden Sie was?

Während des Sommers laden überall in Deutschland Gartenfestivals in schönen Schlossanlagen wie Ippenburg übers Wochenende zum Staunen und Genießen ein.

Baumschule, Gärtnerei, Blumenladen – wo kauft man denn nun eigentlich am besten ein? Wie in jeder Branche gibt es auch im Gartenbau eine Vielzahl von Nebenzweigen und Spezialisierungen. Und je weiter Ihre Wünsche vom Standard abweichen, umso tiefer müssen Sie in dieses System eintauchen, was nicht schwer ist. Nehmen wir das Beispiel Geranien: Rote Geranien bekommen Sie im Frühling sogar beim Lebensmitteldiscounter. Die Qualität: Meist sind es rasch bewurzelte Stecklinge, die erst noch zu einer »gestandenen« Pflanze heranwachsen müssen. Rote Geranien gibt es auch im Gartencen- ter, meist auch rosafarbene, ebenso im Blumenladen, doch nicht ganzjährig, sondern nur zu begrenzten Verkaufsaktionen. Wer sie verpasst, hat Pech gehabt. Spezielle Sorten oder eine gute Beratung zur Pflege? Meist Fehlanzeige. Hier werden Sie in den örtlichen Gärtnereien fündig, die ihren Kunden jedes Jahr neue Sorten und Pflanzen aus eigener Anzucht samt fundierter Beratung bieten.

Ganz spezielle Sortenwünsche, die das lokale Sortiment übersteigen, wie Wild- oder Duftgeranien, bekommen Sie beim wirklichen **Spezialisten**, der nur Geranien, Passionsblumen oder Zitruspflanzen kultiviert. Sie sind nur zufällig bei Ihnen in der Nähe, versenden ihre Pflanzen aber in der Regel und öffnen dadurch ihr Sortiment für jeden. Andere Betriebe befassen sich nur mit Wasserpflanzen, Blumenzwiebeln oder ausschließlich mit Stauden. Baumschulen führen winterharte Gehölze (Bäume & Sträucher), Obstbaumschulen nur Fruchtgehölze. Unter dem Begriff »Kübelpflanzen« fasst man exotische Arten zusammen, die nicht frostfest sind. Doch wie findet man alle diese Betriebe? Das **Internet** bietet Ihnen die Möglichkeit, bequem von zu Hause aus Kontakt aufzunehmen. (Adressen siehe Seite 140).

Suchen, sehen, kaufen, das geht nicht nur in den Läden vor Ort. So genannte **Gartenfestivals** finden heute in ganz Deutschland in schönen Park- oder Schlossanlagen statt. Vorreiter dieser Freilandmessen waren Schloss Ippenburg, das Festival in den Herrenhäuser-Gärten in Hannover, das Gartenfest in Fulda sowie das Gartenträume-Quartett, das u. a. in München und Stuttgart stattfindet. Hier gibt es nicht nur Ausgefallenes und Edles für den Garten, sondern auch besondere Pflanzen und Raritäten. Leider verwischt der Titel »Gartenfestival« derzeit zum Werbeträger, den zu viele Veranstaltungen tragen, die sich mit Würstchenbuden und Haushaltswaren weit vom Thema Garten entfernen. Prüfen Sie die Angebote kritisch, bevor Sie umsonst weit fahren.

Nicht die Pflanzenhöhe allein entscheidet. Wichtig ist die Gesundheit und Vitalität der Pflanze: Der Zuwachs kommt dann von ganz allein.

Auf die Ferne tun sich viele Menschen schwer, eine Pflanze zu kaufen. Bestellt man spezielle Arten, die man vor Ort nicht bekommt, per Versand, muss man Vertrauen haben, dass gute Ware geliefert wird. Tipp: Bestellen Sie zunächst eine oder zwei Pflanzen zum Test. Sind Ihre Bedenken ausgeräumt, können Sie dann auch mal eine größere Bestellung wagen. Um bezüglich der Größe oder Kräftigkeit der Pflanzen keine bösen Überraschungen zu erleben, sollten Sie die Pflanzenbeschreibungen vor der Bestellung genau lesen. Sind Sie trotzdem mit der Lieferung nicht einverstanden, werden zeitnah angebrachte Reklamationen meist kulant gehandhabt, und die Pflanzen können per Paket zurückgeschickt werden. Kleine Scherereien wiegen meist den Vorteil nicht auf, den der Versand insgesamt hat: Gut verpackt kommen die Raritäten direkt zu Ihnen nach Hause, ohne langes Suchen, ohne Einkaufsfahrt und ohne Stress. Packen Sie die Pflanzen gleich aus, prüfen Sie die Ware und wässern Sie die Erde. Die Zahlung erfolgt heute meist per Rechnung und nicht per Vorkasse oder Nachnahme. Vertrauen gegen Vertrauen heißt hier das Prinzip.

Je größer ein Zitronenbäumchen *(Citrus limon)* ist, umso größer muss der Geldbeutel sein. Tipp: Wählen Sie das goldene Mittelmaß!

Liguster-Topiaries *(Ligustrum)* in Bleitöpfen haben ihren Preis – aber dafür brauchen Sie auch nur zwei davon. Ein paar Töpfe mehr und Tulpenzwiebeln für wenige Euros – und der Sitzplatz ist vollendet.

Wie viel darf's denn sein? Diese Frage sollten Sie sich stellen, bevor Sie zum Pflanzen- und Topfeinkauf fahren – und zwar in zweierlei Hinsicht. Zum einen müssen Sie entscheiden, welche Pflanzen Sie überhaupt brauchen. Sonst passt am Ende nichts zusammen, vom einen haben Sie zu viel, vom anderen zu wenig. Zum zweiten sollten Sie frühzeitig über die **Kosten** sprechen. Kleine Pflanzen kosten wenig, brauchen aber länger, um ihren Platz und ihre Aufgabe zu erfüllen. Größere Pflanzen, die dementsprechend älter sind, haben einen höheren Preis. Dafür machen sie aber sofort etwas her, sind kräftig und haben Reserven, mit deren Hilfe sie die Zeit der Eingewöhnung und anfängliche Pflegefehler meistern können. Sind die Pflanzen dagegen schon sehr groß und hochpreisig, wiegt ein möglicher Verlust schwer. Einsteiger, die noch kaum Erfahrung mit der Topfgartenpflege haben, sollten das **goldene Mittelmaß** zum Üben nehmen. Wählen Sie weder eine Jungpflanze noch einen Veteranen. Die »Halbstarken« sind ihren Preis wert, also am preiswertesten! Beide Fragen spielen aber auch zusammen: die der Pflanzenmenge und die des Preises. Wenn Sie nur ein paar Topfpflanzen brauchen, dürfen diese einzeln mehr kosten und dafür umso schöner sein, als wenn man gleich ein paar Dutzend Pflanzen erwerben möchte, die sich rasch aufsummieren. Gehen Sie deshalb erst los, wenn Sie die Antwort kennen.

Für ein Test-Urteil, welches die besten Pflanzen sind, müssen Sie keine Zeitschrift zu Rate ziehen. Es ist nicht schwer, selbst zu prüfen, ob eine Pflanze ihren Preis wert ist oder nicht. Doch dazu müssen Sie zunächst die althergebrachte Meinung ablegen, dass die Höhe über den Preis bestimmt. Die Frage »Ich brauche eine brusthohe Pflanze – wie viel kostet die bei Ihnen?« ist eine der schlimmsten, die Sie einem Gärtner stellen können. Schließlich gibt es Pflanzen, die rasend schnell wachsen und solche, die kaum 5 cm pro Jahr zulegen. Es gibt Pflanzen aus Massenproduktionen zu Mini-Preisen und kostspielige Raritäten, deren Existenz in Kultur man an zwei Händen abzählen kann. Es gibt arbeitsintensive Pflanzen, die der Gärtner jeden Monat mehrfach durchpflegen muss, und solche, die von alleine immer schön sind. Wie also sollte es einen Pauschalpreis für eine 150 cm hohe Pflanze geben?

Überhaupt ist die **Höhe** gar nicht entscheidend, sondern die **Konstitution** einer Pflanze: Wachsen tut sie dann von alleine – und das oft schneller, als Ihnen lieb ist. Achten Sie darauf, dass die Erde gut durchwurzelt ist. Drängen sich bereits feine Wurzeln durch die Bodenlöcher des Topfes, ist dies sicher der Fall. Sonst können Sie vorsichtig an der

Kleinvieh macht auch Mist – das ist bei kleinen Pflanzen nicht anders, die zwar wenig kosten, aber täglich sorgsam gepflegt werden wollen.

Pflanze ziehen: Sie darf nicht nachgeben, und wenn, sollte sich der Ballen nur im Ganzen aus dem Gefäß lösen. Riechen Sie auch an der Erde. Sie darf nicht faulig, sondern soll angenehm nach Wald riechen. Die Blätter müssen natürlich aussehen, also nicht tannengrün, wenn die Art von Natur aus hellgrünes Laub trägt, und nicht glänzen wie eine Plastikblume. Es ist im Grunde wie beim Obstkauf: Die makellos roten Äpfel sehen am leckersten aus - schmecken aber oft nicht.

Hängen Sie die Messlatte deshalb nicht zu hoch: Pflanzen sind keine Deko-Objekte, die immer ebenmäßig sind. Sie sind nicht perfekt, sie wachsen und verändern sich. Deshalb ist auch eine Pflanze mit unregelmäßiger Krone nicht unbedingt schlecht. Der Makel kann sich binnen weniger Wochen auswachsen. Stattdessen sollte bei Bäumen und Sträuchern die Rinde fest und rissfrei sein, denn solche Verletzungen sind Eintrittspforten für Krankheiten. Die Rinde darf nicht eingefallen wirken - das würde auf ein bereits einsetzenden Absterben der Zweige hindeuten. Bei veredelten Pflanzen muss die Veredlungsstelle gut verwachsen sein – »Knubbel« sind hier jedoch ganz normal. So können Sie von der Wurzel bis zur Blattspitze selbst die Qualität prüfen.

Gut beraten sind Sie immer dann, wenn die Menschen, die es tun, etwas von ihrer Sache verstehen. Das ist logisch, wird aber trotzdem oft missachtet. In gärtnerischer Kultur befinden sich weltweit Millionen von Arten. Kein Mensch kann die alle kennen! Es ist schon fast ein Lebenswerk, alle Rosensorten bestimmen zu können oder alle Orchideen-Züchtungen. So ist es nur natürlich, dass sich ein Rosengärtner nicht gleichermaßen gut mit Obstsorten oder Seerosen auskennen kann. Fragen Sie deshalb den Richtigen. Und das ist meist nicht die Verkäuferin im Gartencenter, die in einem Crash-Kurs das Nötigste zur allgemeinen Kundenberatung gelernt hat. Das ist auch nicht die Floristin, die zwar dekorieren kann, aber ihre Ware nicht selbst kultiviert. Im Grunde sind wir wieder bei der Staffelung mit den Geranien vom Anfang dieses Kapitels: Die beste Kenntnis über eine bestimmte Pflanzengruppe haben die **spezialisierten Betriebe**. Es ist zwar zeitaufwändig, die Informationen von jedem Einzelnen zusammenzutragen, aber was Sie einmal wissen, nimmt Ihnen keiner mehr, und für das Ergebnis, seine Topfgäste optimal pflegen zu können, ist es die Mühe allemal wert. Ziehen Sie auch die Literatur zu Rate. Ein Gartenbuch allein genügt meist nicht, denn in jedem sind die Inhalte anders gewichtet. Zu empfehlen sich auch hier Spezialtitel, die sind nur mit einer Pflanzengruppe, mit dieser dafür aber sehr intensiv auseinander setzen.

Kombinieren

& Gestalten

Moderne Topfgärten

Schöne Ideen für den Garten

Italienische Villengärten inspirieren die Gartenkunst bis heute mit Wasserachsen in Tuffstein, die von edlen Zitrus in Terracotta begleitet werden.

Nur als Notlösung – so werden Topfpflanzen vielfach immer noch gesehen. Man denkt vor allem an sie, wo keine Erde zum Auspflanzen ist. Der klassische Einsatzort für Topfpflanzen sind deshalb befestigte Flächen: Innenhöfe, Terrassen, Dachterrassen, Treppen oder Hauseingänge. Hand aufs Herz: Der Garten kommt Ihnen anfänglich nicht in den Sinn. Doch gerade hier sind die Verwendungsmöglichkeiten für Topfpflanzen riesengroß. Notlösungen sind Pflanzgefäße hier wahrlich nicht, sondern Highlights, bei denen man sich schon nach wenigen Wochen fragt, wie man im Garten überhaupt ohne sie auskommen konnte. Doch nicht nur das: Topfpflanzen bieten auch Lösungen für schwierige Gartenecken, an denen sonst kaum etwas wachsen will.

Edel kommt von Adel, denn Topfpflanzen sind keine Erfindung der heutigen Zeit. Die Geschichte der Gartenkunst ist ohne sie undenkbar. Egal ob Sie in die Parkanlagen von Versailles, Potsdam oder Wien blicken: Überall spielen Topfpflanzen eine tragende Rolle. Sie präsentieren sich als prächtige Einzelstücke, die als Alleen entlang der Wege, als Treppenposten oder Endpunkte von Blickachsen Tradition sind. Dieser edel-adelige Charakter sagt den Menschen damals wie heute zu. In unseren Tagen ist der formale Stil mit **klaren Linien** und wenigen, dafür sorgfältig ausgewählten Einzelpflanzen **(Solitäre)** jedoch kein Privileg des Adels mehr. Wer einen großen Garten hat, kann ihn nach den alten Vorbildern anlegen. Und was könnte dann besser passen als eine Reihe prächtiger Eiben *(Taxus baccata)*, Schmucklilien *(Agapanthus praecox)* oder Zitruspflanzen *(Citrus)* in großzügigen Gefäßen. Auch Lorbeer *(Laurus nobilis)*, Wandelröschen *(Lantana camara)* und Fuchsien *(Fuchsia)* haben als stattliche Stämmchen Tradition.

Zwei symmetrisch platzierte Blecheimer mit Duftnesseln *(Agastache foeniculum)* betonen die Blick- und Wegeachse durch das Blumenbeet.

Schön symmetrisch

sollte es zugehen, um Achsen oder Wege im Garten zu betonen. Lassen Sie die Töpfe nicht einzeln, sondern **mindestens paarweise** auftreten. Eine Fuchsie alleine macht noch keinen schönen Hauseingang. Zwei Stück aber rahmen ihn zur Begrüßung Ihrer Gäste und Familie elegant ein. Ein **Wegekreuz** im Garten gerät durch eine einzelne Kübelpflanze am Eck leicht aus dem Lot; durch vier **Eckposten** aber werden die Richtungswechsel auffällig betont. Eine Sitzbank, die nur auf einer Seite von einem Topf flankiert wird, wirkt unfertig. Mit zwei Töpfen an ihrer Seite, bekommt sie Halt und lädt zum Verweilen ein.

Einheitlichkeit

ist nach der Symmetrie die zweiten, wichtige Grundregel im modernen Topfgarten. Eine Allee wirkt unruhig, wenn sie aus lauter verschiedenen Pflanzenarten besteht. Einheitlich aus edlen Buchs-, Eiben- oder Lorbeerpyramiden gestaltet *(Buxus, Taxus, Laurus)*, schafft sie dagegen ein edles Ambiente. **Beschränken Sie sich** auch bei der Sortenwahl. Je nach Sorte fallen Eiben durch gelbe Nadeln (z. B. 'Semperaurea') oder Buchs durch bläuliche Blättchen (z. B. 'Blauer Heinz') aus dem Rahmen. Bei den Blütenpflanzen variieren die Wuchshöhen und Blütenfarben sortenspezifisch ganz erheblich. Dass einzelne aus der Reihe tanzen, kann gewünscht sein, um Kontraste oder Abwechslung zu erzielen, wenn die Gartenbilder sonst zu eintönig würden. In den meisten Fällen aber tut es formal gestalteten Gärten nur gut, wenn Sie sich klar für eine Sorte entscheiden.

Ausnahmen sind Pflanzen mit wenig verschiedenen Spielarten. Eine Allee unterschiedlicher Fuchsien-Stämmchen oder Hochstammrosen behält trotz der Sortenvarianz ihre Einheitlichkeit, wenn Sie sich auf ähnliche Blütenfarbtöne einstellen. Wechseln Sie auch nicht zu oft die Formen. Kugel- und Kegelbuchs ergänzen sich noch ganz harmonisch. Fügt man aber noch Spiralen oder gar Figürliches hinzu, ist die Eleganz dahin. Kurzum: Sie müssen sich entscheiden zwischen »Stylen« und »Sammeln«. Beides lässt sich im Stilvollen nur schwerlich vereinbaren, aber beides hat auch seine Fans und Verfechter.

Klasse statt Masse: Als Paar prägen Bärenklau *(Acanthus mollis)* und Funkien *(Hosta)* in großen Gefäßen den kleinen Reihenhausgarten.

Auf einer Säule thront die steinerne Schale über dem Beet mit weißen Tulpen. Ohne sie wäre das Beet auch schon schön– mit ihr wirkt es richtig edel.

Statt stattlicher Kübelpflanzen-Serien tun es im Sammlergarten **schöne Einzelstücke**, vor allem dann, wenn sie mit Liebe ausgewählt sind. Solche Solitäre können dabei nicht nur Kür, sondern auch pure Notwendigkeit sein, zum Beispiel bei Lücken **im Beet**. Mit Topfpflanzen können Sie diese im Handumdrehen schließen, ohne dass es auffällt. Bei geschickter Platzierung wirken die Notlösungen sogar so, als ob sie von Anfang an geplant gewesen wären. Wichtig dabei ist, dass sich die »Singles« durch ihre Form, Größe oder Farbgebung deutlich von der Umgebung abheben, sonst gehen sie im bunten Allerlei der Blumenbeete unter. Halten Sie genügend Abstand zu benachbarten Beetpflanzen.

Mit entsprechendem Freiraum können sich große Kübelstars am besten entfalten und ihre Individualität ausspielen. Nachbarpflanzen, die zu nahe an die Einzelstücke heranrücken, kürzt man mit der Schere immer wieder ein oder sticht im März von den Rändern einen Wurzelteil ab, damit sie die Töpfe nicht bedrängen. Für mittelgroße Pflanzen bieten sich **Säulen** an, um sie über die anderen zu erheben. Oder man betont sie mit besonders auffälligen Gefäßen. Durch wechselnde **Bodenbeläge** wie eine Kiesfläche oder eine gemulchte Partie im Beet können Sie einzelne Töpfe optisch stärker von ihrer Umgebung trennen. Auch große Kieselsteine, die in Mustern verlegt werden, sind eine passende Basis für große Kübelpflanzen.

Erst gemeinsam stark sind sehr kleine Kübelgäste wie niedrige Ziergräser oder Polsterstauden in Töpfen. Stellt man sie nicht gerade erhöht auf Tische oder Säulen, verlieren sie sich allzu leicht in der Vielfalt des Gartens. Unsere Augen nehmen diese kleinen Topfgäste eher wahr, wenn sie **in Gruppen** auftreten. Das ist im Topfgarten wie im Blumenbeet, wo einzelne Stauden optisch untergehen. In Gruppen aber, die gemeinsam einen halben oder ganzen Quadratmeter füllen, fallen sie sofort ins Auge und behaupten sich gegenüber der Umgebung.

Stellen Sie deshalb mehrere kleine Kübelgäste zu Pulks zusammen, die die Beetränder betonen oder den Übergang von der Terrasse in den Garten staffeln. Optimal ist es, wenn Sie für Übergänge Pflanzen verwenden, die in den Beeten wieder auftauchen. Glockenblumen *(Campanula)* beispielsweise warten neben niedrigen Sorten für Schalen und Töpfe mit hohen Arten auf, die sich gerne in den Staudenbeeten tummeln. Natürlich können Sie mit kleinen Töpfen auch große Flächen gestalten. Mit Hauswurz *(Sempervivum)*, Fetthenne *(Sedum)* und Steinbrech *(Saxifraga)* in Schalen lassen sich ganze Steingärten gestalten.

Töpfe in Hausnähe

müssen besonders sorgfältig gewählt werden, denn die harmonische Verbindung von Haus und Garten ist das, was eine gute Gartengestaltung ausmacht. Schließlich könnte es kaum etwas Gegensätzlicheres geben als die geradlinige Architektur und die virtuose Natur, in der keine Form so bleibt, wie sie ist. Topfpflanzen haben von beidem etwas: die Gefäße das geometrisch Strenge, die Pflanzen das Naturnahe. Aber: Die Pflanzen dürfen nicht wild wuchern oder aus der Form geraten. Sie haben sich an Regeln zu halten, die Sie gegebenenfalls mit der Schere durch regelmäßigen Rückschnitt durchsetzen müssen.

Je strenger die Formensprache eines Hauses ist, umso akkurater sollten die Topfpflanzen sein, die in unmittelbarer Nähe stehen. Für **Stadtfassaden** bieten sich deshalb vor allem Formschnittpflanzen in Kugel- oder Kegelform oder **Stämmchen** an, die Sie auch unter den Namen Kronen- oder Kugelbäumchen kennen. Gemeint sind Pflanzen mit zunächst geradem Stamm, der sich erst ab einer bestimmten Höhe auffächert und eine idealerweise kugelrunde Krone bildet. Beliebt als Stämmchen sind Lorbeer *(Laurus nobilis)*, Liguster *(Ligustrum delavaganum)* und auch Rosen *(Rosa*-Hybriden). Doch im Grunde lassen sich die meisten langlebigen Sträucher als Stämmchen ziehen, vom Flieder *(Syringa vulgaris)* angefangen über Ölweide *(Elaeagnus angustifolia)* und Rhododendron *(Rhododendron*-Hybriden) bis hin zum frostempfindlichen Enzianstrauch *(Lycianthes rantonetii)*, um nur einige zu nennen. Ihre runden Kronen sind nicht nur formschön, sondern auch Platz sparend: Zu ihren Füßen können Sie nach Belieben kleinere Topfpflanzen platzieren.

Ist die Fassade des Hauses dagegen verspielt gestaltet, wie es typischer für **ländliche Regionen** ist, dürfen auch die Pflanzen vielgestaltiger sein. Hier gilt es dann eher, die **Farben aufeinander abzustimmen**. Wählen Sie vor weißen Fassaden keine weißen, sondern kontrastierende Blüten in Rot, Orange oder Gelb. Mit den Topffarben sollten Sie dagegen vorsichtig sein. Glasierte Einzelgefäße sind vor weißen Wänden zu auffällig und wirken wie Fremdkörper. Bei Backsteinhäusern oder geklinkerten Fassaden muss man zudem für rote Blüten ein feines Händchen haben, da die kräftigen Töne nicht immer miteinander harmonieren. Hier sind weiße oder blaue Blüten die sicherere Wahl.

Oben: **Ein buntes Potpourri aus Farnen, Funkien und weißer Margerite belebt ungenutzte Gartenecken oder ausgediente Sitzplätze neu.**

Mitte: **Topfpflanzen sind nicht nur Lückenfüller. Ziergräser mit unterschiedlichen Laubfarben vom Schlangenbart *(Ophiopogon)* in Rot bis zum Blauschwingel *(Festuca cinerea)* sind vielfältig genug, um ein kleines Kiesbeet zu gestalten.**

Unten: **Versuchen Sie, eine Lücke im Beet nicht notdürftig zu verstecken. Lichten Sie die Stelle ganz aus. Eingeebnet und mit Kies befestigt, wird sie zur klasse Bühne für glasierte Kräutertöpfe.**

Um Sitzplätze rasch einzugrünen, sind Topfpflanzen ideal, vor allem in Mietgärten. Wenn Sie umziehen müssen, nehmen Sie einfach alles mit!

Vorgärten bezeichnet man nicht ohne Grund als die »Visitenkarte des Hauses«. Schließlich ist der erste Eindruck meist der entscheidende. Und den bekommen Besucher, wenn sie auf Ihr Haus zugehen. Achten Sie deshalb darauf, dass die Pflanzen im Eingangsbereich Ihrem aktuellen Stil entsprechen und tauschen Sie gelegentlich aus, was Ihnen nicht mehr gefällt. Nirgendwo im Garten ist das leichter als im Topfgarten, wo das Um- und Eintopfen im Frühling schnell geht und anders als das Graben im Garten kaum Kraftaufwand erfordert. Was Ihnen von den winterharten Arten im Kübel nicht mehr tauglich erscheint, können Sie in den Garten umpflanzen. So bekommen Sie Platz für Topf-Neulinge, die gerade im Trend liegen oder zu Ihren persönlichen Neuentdeckungen oder Favoriten zählen. Wenn eines im Topfgarten stets sein sollte, dann ist es der Wandel.

Lieblingssitzplätze werden meist erst dann zu solchen, wenn sie rundum eingewachsen sind und man sich wie in einer umgrünten Nische fühlt. Schneller geht dies, wenn Sie rechts und links Ihrer Lieblingsbank große Topfpflanzen platzieren. Und flexibler ist es obendrein. Gefällt Ihnen das Arrangement nach einigen Sommern nicht mehr, ist es ruckzuck ausgetauscht oder neu bepflanzt. Bei Beetpflanzen im Erdboden ist ein solcher Wechsel zeit-, arbeitsaufwändiger und mühevoller. Doch nicht nur auf Ihren Gesinnungswandel, sondern auch auf die Veränderung des Gartens können Sie unkompliziert reagieren. Ist ein Sitzplatz durch überschirmende Baumkronen zu schattig geworden, tauscht man sonnenliebende Kübelpflanzen einfach gegen Schattenpflanzen aus – und das an einem einzigen Nachmittag.

Am Gartenteich kommt man ebenfalls kaum mehr ohne Kübelgäste aus, wenn man ihre Qualitäten erst einmal entdeckt hat. Die Uferbepflanzung von Teichen ist eine große Herausforderung, soll sie lückenlos gelingen. Gleichzeitig darf man keine ausbreitungsfreudigen Arten mit kräftigen Wurzeln setzen, die der Teichfolie schaden könnten. Die Lösung: Platzieren Sie Topfpflanzen entlang des Ufers. Vor allem Gräser und Stauden mit grasartigen Blättern wie Tag- und Schwertlilie *(Hemerocallis-, Iris-*Hybriden) sind ebenso

Symmetrische Fassaden erfordern von Topf bis Krone eine perfekte Form.

passende wie pflegeleichte Ufergäste in Töpfen. Gräser wie das Bunte Rohr-Glanzgras *(Phalaris arundinacea* 'Picta') würden sich im Boden hemmungslos ausbreiten. In Töpfen aber sind ihnen von Anfang an klare Grenzen aufgezeigt.

Im Gemüsegarten

sind Sie immer gut beraten, wenn Sie schön blühende Zierpflanzen einstreuen. Dadurch präsentieren sich die Flächen nicht in tristem Braun-Grün, das sie optisch immer zu Außenseitern im Garten macht. Neben Studentenblumen *(Tagetes)*, Ringelblumen *(Calendula)* & Co., die man in Reihen zwischen das Gemüse sät, sind auch Topfpflanzen willkommene Gäste zur Auflockerung. Denken Sie dabei nicht nur an einjährige Sommerblumen wie Petunien und Geranien oder klassische Kräuter wie Lavendel *(Lavandula angustifolia)* oder Salbei *(Salvia officinalis)* in Töpfen. Dekorativ blühende exotische Kräuter vom Ananas-Salbei *(Salvia* 'Pineapple Scarlet') bis zum Zitronengras *(Cymbopogon citratus)* sind eine echte Bereicherung für jeden Gemüsegarten.

Leere, lange Treppen wirken langweilig und obendrein »anstrengend«. Aufgelockert durch Topfpflanzen, wird dagegen der »Weg zum Ziel«.

Der erste Eindruck ist der Wichtigste. Heißen Sie Ihre Gäste mit schönen Topfpflanzen willkommen, die Ausdruck Ihres guten Geschmacks sind.

Überall im Garten

kommt es auf eine gute Planung an, damit Sie mit dem Ergebnis zufrieden sind. Wer sich von vornherein ausmalt, wie der Vorgarten, Sitzplatz, Teich oder Gemüsegarten nach dem Einrichten aussehen soll, kann sich eines harmonischen Endergebnisses sicher sein und ganz gezielt die Pflanzen und Gefäße aussuchen. Wer kein gutes Vorstellungsvermögen hat, behilft sich anfänglich mit Attrappen. **Skizzieren** Sie auf einem Stück Pappkarton die angedachte Form und Größe der künftigen Kübelstars und schneiden Sie die Konturen aus. Wer möchte, kann sie dazu mit Bunt- oder dicken Filzstiften farbig kolorieren. Stecken Sie am vorgesehenen Standort einen Holzpflock schräg in den Boden und lehnen Sie den »Modell-Topf« dagegen.

Mit Hilfe farbiger Ausdrucke können Sie inzwischen auch ein schönes Topf-Beispiel, das Sie anderswo fotografiert haben, auf Papier vergrößern, auf Karton kleben und vor Ort probeweise aufstellen. Erst wenn Ihnen das Ergebnis zusagt, sollten Sie zum Einkaufen schreiten. Geht man auf Geratewohl zum Shopping, stellt man sonst fest, dass das, was einem im Geschäft so wunderbar gefallen hat, nicht zum Gesamtbild passt. Das Ganze ist eben mehr als die Summe seiner Einzelteile. Die Rettung kann sein, dass man einen anfänglichen »Fehlkauf« an einer anderen Stelle im Garten platziert. Es ist erstaunlich, wie die Wirkung ein und desselben Topfs von Standort zu Standort schwanken kann.

Top(f)-Pflanzen für Ihre Terrasse

Hortensien *(Hydrangea)* verbreiten beste Sommerlaune. Obwohl sie heute fast ganzjährig mit Blüten angeboten werden, fällt der natürliche Flor in den August.

Winterhart oder nicht, das ist meist die erste Frage, die sich der Terrassengärtner stellt. Spontan fällt die Entscheidung häufig zugunsten frostfester Topfgäste aus, da man für sie keinen Überwinterungsplatz im Haus braucht und sie im Frühling nicht ins Freie und im Herbst nicht wieder hineinschleppen muss. Aber diese Antwort ist zu einfach.

Frostfeste sind das Beste – stimmt das wirklich? Winterharte Sträucher sind von Natur aus darauf eingestellt, alle Lebensaufgaben im Schnelldurchgang zu erfüllen: Sie blühen im Frühling kurz, um bis zum Kälteeinbruch die Reife der Samen vollenden zu können. Das bedeutet für den Topfgarten: Die Blütezeiten konzentrieren sich in den Monaten April und Mai.

Danach herrscht Flaute. Bei den winterharten Blütenstauden sieht es besser aus, denn sie bieten für jeden Monat blühende Arten. Doch auch wenn ihr Flor sehr üppig und reichhaltig ist, können sie mit der Dauer vieler exotischer oder einjähriger Arten, die den ganzen Sommer zum Blühen nutzen, nicht mithalten. Und ganz ohne Ihre Hilfe kommen auch die **»Winterharten«** nicht durch die kalte Jahreszeit, sondern benötigen isolierende Schutzmäntel um die Töpfe oder einen Sonnenschutz für die Kronen.

Der Grund: Töpfe frieren schon bei geringem Dauerfrost bis ins Mark durch. Gehölze wie Buchs *(Buxus sempervirens)* oder Eibe *(Taxus baccata)*, die im Garten jedem noch so strengen Winter trotzen, nehmen dadurch Schaden. Im Garten schützt die Wurzeln das umgebende Erdreich, denn aus tieferen Bodenschichten wird laufend Wärme nachgeliefert. Topfpflanzen stehen demgegenüber oft auf kalten Steinböden, die ihnen den letzen Rest der tagsüber gespeicherten Wärme entziehen. Deshalb muss man

»winterfesten« Sommergrünen wie Fächer-Ahorn *(Acer palmatum)*, Sommerflieder *(Buddleja)*, Eibisch *(Hibiscus syriacus)* und Waldreben *(Clematis)* einen Wurzelschutz bieten, Immergrünen wie Kirschlorbeer *(Prunus laurocerasus)*, Feuerdorn *(Pyracantha)* und Lavendelheide *(Pieris japonica)* überdies eine Schattierung aus Bastmatten oder Netzen, die sie vor der austrocknenden Wintersonne schützt.

Da viele winterharte Kübelgäste langsam wachsen, bleiben Schäden wie verkahlte Kronen, die durch **Pflegefehler** (z.B. Trockenheit) entstanden sind, **lange sichtbar**. Bei Pflanzen, die weit mehr als sechs Monate pro Jahr zum Gedeihen haben, wachsen sich solche Makel rascher wieder aus. Mit diesen drei Argumenten möchten wir Ihnen nicht die Laune an winterfesten Topfgästen verderben, sondern darauf hinweisen, dass auch frostverträgliche Kübelpflanzen nicht das pflegeleichte Nonplusultra sind, für das sie häufig gehalten werden.

Exotische Sommergäste aus aller Welt

ergänzen das Sortiment im Terrassengarten. Paradiesvogelblume *(Strelitzia reginae)*, Puderquastenstrauch *(Calliandra tweedii)* oder Emustrauch *(Eremophila maculata)* reizen mit exotischen Blüten und langen Blütezeiten. Zierbananen *(Musa/Ensete)*, Baumfarne *(Dicksonia)* und Palmen imponieren mit tropischen Blättern. Feigen *(Ficus carica)*, Oliven *(Olea europaea)* sowie Zitruspflanzen aller Art *(Citrus)* locken mit leckeren Früchten. Sie alle aber müssen als **Kübelpflanzen** während der frostigen Monate im Haus überwintern. Dafür braucht man entsprechende Räume, die hell und kühl sind. Kühl meint generell unter 15 °C, für mediterrane Arten unter 10 °C. Moderne Häuser verfügen vielfach nicht über solche Räumlichkeiten, Energiesparbauweisen schon gar nicht.

Bevor Sie sich aber langlebige Exoten zulegen, sollten Sie die Frage der **Überwinterung** klären. Warme Wohnzimmer sind hierfür leider nicht geeignet, für dunkle Räume kommen wenige Arten wie Korallenstrauch *(Erythrina crista-galli)*, Granatapfel *(Punica granatum)*, Wandelröschen *(Lantana camara)*, Rosa Trompetenwein *(Podranea ricasoliana)* und Feige *(Ficus carica)* in Frage, die ihr Laub abwerfen. Wenn Sie keine Möglichkeit zur Überwinterung haben und die Pflanzen nicht entgeltlich beim Gärtner einstellen möchten, sollten Sie lieber auf einjährige Begleiter setzen.

Einmalig üppig ist der Flor der **Sommerblumen**. Sie haben nur eine Saison, um zu blühen – und die nutzen sie maximal aus. Der erste Frost im Herbst aber bedeutet ihr Ende. An Win-

Terrassen liegen nicht immer am Haus, sondern auch mal mitten im Garten. Mit einem Mosaik aus Topfpflanzen verschmelzen die tristen Betonplatten mit den bunten Beeten zu einer Einheit.

terschutz oder -quartiere brauchen Sie keinen Gedanken verschwenden, dafür aber an die Aussaat im Spätwinter. Ob Petunien *(Petunia)*, Fleißige Lieschen *(Impatiens)*, Studentenblumen *(Tagetes)*, Kapuzinerkresse *(Tropaeolum)* oder Ziertabak *(Nicotiana)*: Sie alle blühen überreich und bieten obendrein reichlich Abwechslung. Jedes Jahr gibt es eine Fülle neuer Sorten, die zum Probieren und Experimentieren einlädt. Versuchen Sie es einmal mit apricotfarben gefüllten Hängebegonien (z. B. *Begonia*-Knollenbegonien-Hybride 'Champagner'), apfelblütigen Geranien (z. B. *Pelargonium* 'Exotica Appleblossom'), zweifarbigen Eisenkräutern (z. B. *Verbena*-Hybride 'Lanai Purple with Eye') oder gestreiften Studentenblumen (z. B. *Tagetes*-Serie 'Sunburst'). Langeweile kommt da bestimmt nicht auf, denn Sie können Ihren Terrassengarten jedes Jahr ein bisschen anders – oder aber auch völlig neu – einrichten.

Die Mischung macht

am Ende die schönste Terrasse. Kombinieren Sie Pflanzen aus jeder der drei vorgestellten Gruppen: **Winterharte, Exoten und Einjährige**. Die Winterharten bilden das Grundgerüst auf Ihrer Terrasse. Neben den sommergrünen Arten sind immergrüne Sträucher wie Rhododendren *(Rhododendron)* wichtig, die ganzjährig für einen grünen Rahmen sorgen. Winterharte Blütenstauden setzen zu verschiedenen Jahreszeiten Akzente (siehe S. 52 ff.), während die einjährigen Sommerblumen ein Kontinuum an schönen Blüten während der gesamten Saison ermöglichen. Und die Exoten liefern mit ihrem Flor das Quäntchen Exklusivität und Individualität. Was will man mehr?

Form, Farbe & Funktion

sind die nächsten Punkte, die Sie bei der Terrassengestaltung klären sollten. Nutzen Sie bei der Wahl der Pflanzen aus allen drei Gruppen die Vorteile der verschiedenen Wuchsformen. **Schlanke Kletterpflanzen** sind gut für den Hintergrund an Hauswänden oder als schlanke Pyramiden geeignet. Sie erreichen leicht Mannshöhe, ohne viel Platz am Boden zu beanspruchen. **Sträucher** mit rund-ovalen Kronenformen sind die Leitfiguren im Terrassengarten, ebenso hohe Prachtstauden wie Rittersporn *(Delphinium)* und Ziergräser wie Chinaschilf *(Miscanthus)* und Bambus-Arten. Sie werden als erste platziert. Dazwischen bekommen **hochstämmige Topfbäume** wie Ginkgo *(Ginkgo biloba)*, Zierkirsche *(Prunus*-Hybriden) oder Zier-Apfel *(Malus*-Hybriden) ihren Platz angewiesen, deren Kronen die anderen deutlich überragen oder überschirmen. Die Zwischenräume füllt man mit knie- bis hüfthohen oder niedrigeren Pflanzen aus allen Kategorien auf. Zum Schluss

Mit einem effektiven Sichtschutz aus lichtdurchflutetem Bambus bleibt im Zentrum der Holzterrasse genügend Platz zum Sitzen. Stellen Sie die Töpfe zur Schonung der Bohlen in Untersetzer.

Eine Zitruspflanze (hier eine Zitrone, *Citrus limon*) macht den Traum vom täglichen Urlaub zu Hause perfekt. Ein Hotelpool am Mittelmeer könnte stilvoller nicht sein.

schließen **hängende Pflanzen in Blumenampeln** letzte Lücken von oben. Durch diese Höhenstaffelung der Wuchsformen nutzen Sie nicht nur den zur Verfügung stehenden Platz optimal aus. Sie schaffen sich auch einen abwechslungsreichen, blühenden wie grünen Rahmen, der Ihnen ganz ohne Hecke oder Holzwand Sichtschutz bietet.

Ein Gefühl für Farben ist ein Talent, das nicht jeder hat, aber ein Stück weit erlernen kann. Dazu gibt es den so genannten Farbkreis. Er fügt die Farben ihrem Verlauf entsprechend von Rot über Orange, Gelb, Grün, Türkis, Blau, Violett und Purpur zu einem Kreis aneinander. Benachbarte Farben passen gut zusammen (z. B. Rot-Orange-Gelb, Blau-Violett-Purpur), ebenso Farben, die sich gegenüber liegen, zum Beispiel Rot-Gelb-Blau oder Orange-Grün-Violett. Unter monochromen Gestaltungen versteht man solche, die aus nur einer Blütenfarbe bestehen. Beliebt, weil besonders edel, sind rein weiße oder blaue Terrassen (siehe Seite 72 ff.). Natürlich müssen Sie sich nicht streng an diese Farbregeln halten. Sie dienen nur als Leitfaden, den man mit steigender Erfahrung individuell abwandeln kann. Achten Sie jedoch nicht nur auf die Blütenfarben; auch die Blattfarben bieten von hellem Frühlingsgrün bis zum tiefdunklen Tannengrün viele Möglichkeiten. Streuen Sie rotlaubige Arten ein (siehe S. 80 ff.) oder buntlaubige mit weiß- oder gelbgrünen Blättern.

Gegensätze ziehen sich an – das ist auch bei den Blütenformen nicht anders. Wechseln Sie tellerförmige Blüten mit schlanken Kerzen, große mit kleinen oder hängende mit aufrechten Blütenständen ab. Vor allem bei gemischten Pflanzgefäßen, in denen Sie mehrere Stauden- und Sommerblumen kombinieren, sorgen diese Kontraste für wunderschöne Bilder.

Gelungen ist eine Terrasse dann, wenn sie alle Funktionen erfüllt. Sie soll Sitzplatz zum Essen sein, Gäste willkommen heißen und am Wochenende Liegen zum Sonnenbaden und Entspannen bereithalten. Sie ist nicht nur ein Platz für Töpfe, die man als Pflanzenfan nur allzu gern in den Vordergrund stellt, sondern auch ein Ort für Sie und Ihre Familie. Und Sie alle brauchen Bewegungsfreiheit. Es wird sehr lästig, wenn die Terrasse mit Pflanzen vollgestellt ist und man sich überall durchzwängen muss. Kalkulieren Sie deshalb ausreichend Platz für Tisch, Stühle, Liegen und Sonnenschirm ein, bevor Sie mit der pflanzlichen Einrichtung beginnen. Stellt man im Nachhinein fest, dass man schon zu viele Pflanzen hat, helfen Stellagen und Etageren, um Platz zu schaffen (siehe Seite 50 ff.).

Sanften Sichtschutz bieten Holzwände, die im Sitzbereich blickdicht, sonst gerautet sind. Schwarzäugige Susanne *(Thunbergia alata)* und Wandelröschen *(Lantana camara)* dienen als Raumteiler.

Ohne Sichtschutz

sitzt man auf keiner Terrasse bequem, sei sie noch so liebevoll eingerichtet. Dabei ist es egal ob man es sich nur einbildet oder die Nachbarn und Passanten tatsächlich zuschauen: Auf voll einsehbaren Terrassen fühlt man sich einfach nicht zu Hause. Sichtschutz ist deshalb eines der häufigsten und ersten Anliegen im Terrassengarten. Doch übertreiben Sie es nicht. Wer gleich eine dichte Holzwand oder gar Mauer auffährt, büßt den Ausblick auf seinen eigenen Garten ein. Wo keiner mehr reingucken kann, kann schließlich auch keiner mehr rausgucken! Dann sitzen Sie draußen im Freien und doch wie in einem geschlossenen Raum. Und: Durch massive Sichtschutzelemente büßen Sie wertvolles Licht und Sonne ein und sitzen so unter Umständen am Ende selbst auf der Schattenseite.

Die bessere Lösung

ist ein leichter Sichtschutz. Riegeln Sie nicht die ganze Terrasse ab, sondern nur Teilbereiche, die besonders ungeschützt und gleichzeitig häufig benutzt sind, zum Beispiel im Sitzbereich. Das genügt meist schon, um Nachbars neugierige Blicke fernzuhalten. Anstelle massiver Wände aus grünen Blättern tun es auch filigrane Pflanzen wie beispielsweise Bambus. Obwohl seine zart beblätterten Halme Licht durchscheinen lassen, machen sie den Durchblick von außen unmöglich. Hochwüchsige Ziergräser wie Pampasgras *(Cortaderia)* oder Arten mit schwertförmigen Blättern wie der Neuseeländer Flachs *(Phormium tenax)* »verschleiern« die Sicht. Ein schöner Blickfang in doppeltem Sinne sind Fiederpalmen: Sie bieten von innen exotische Ausblicke, von außen aber kaum Einblicke. Gut eignen sich etwa Gelee-Palme *(Butia capitata)* und Dattelpalmen *(Phoenix)*.

Einzelpflanzen wie der Neuseeländer Flachs *(Phormium tenax)* bieten gezielt dort Sichtschutz, wo sich Blickachsen auf Ihre Terrasse auftun.

Unbegrenzte Sitzecken wirken ungemütlich. Stoppen Sie den Blick von der Terrasse in den Garten mit einer Reihe Rosen und anderer Topfgäste.

»Randbemerkungen«: Intuitiv beginnen wir Menschen, unsere Areale von den Rändern her abzuschirmen. Auf der Terrasse werden Topfpflanzen, die als Sichtschutz dienen sollen, vorrangig an den Seiten platziert. Bei kleinen Sitzflächen ist das tatsächlich oft die einzige Möglichkeit. Bei großen Terrassen aber geht es auch anders: Grenzen Sie mit den Sichtschutzelementen Räume ab, indem Sie sie auf der Fläche, nicht an ihren Rändern platzieren. Dadurch teilen Sie den Bereich in mehrere Untereinheiten, die sich obendrein verschieden gestalten lassen. Probieren Sie es einfach aus. Schlanke, hohe Kletterpflanzen oder Fertighecken in Pflanzkästen sind tolle Raumteiler und dabei stets flexibel. Gefällt Ihnen die Aufteilung nicht mehr, werden die Trennelemente einfach umgruppiert, um neue Räume für neue Ideen zu schaffen.

Beläge-Pflege ist vor allem auf Holzterrassen angesagt. Ist der Terrassenboden unter den Töpfen permanent nass, bilden sich Flecken und nicht zuletzt Fäulnis. Auch auf Steinböden hinterlassen Topfpflanzen unweigerlich unerwünschte Ränder. Um das zu vermeiden, sollten Sie vor allem Dauertöpfe, die ganzjährig an einem Platz bleiben, auf Füße stellen. Hierzu können Ziegel- und Klinkersteine dienen oder Tonfüße aus dem Fachhandel (siehe Seite 12). Durch den Abstand, der sich so zwischen Topf und Boden bildet, können letztere nach Niederschlägen rascher abtrocknen – und Algen nicht Fuß fassen. So sparen Sie sich den Einsatz eines Hochdruckreinigers, um die Beläge wieder sauber zu bekommen. Ist der Boden dennoch schmierig, hilft ein Hausmittel gegen den Biofilm: Streuen Sie Kochsalz auf die Flächen. Es tötet Algen und andere Mikroorganismen ab. Nach einigen Tagen Einwirkzeit spült man das Salz mit klarem Wasser gründlich ab – wenn Ihnen nicht ohnehin ein Regenschauer zu Hilfe kommt.

Schattenspender vom **Sonnenschirm** bis zur **Markise** bringen nicht nur uns Menschen im Sommer willkommene Kühlung und Schutz vor der oft stechenden Sonne. Auch Ihre Pflanzen danken es, wenn Sie ihnen zuliebe die Schattierung ausfahren oder aufspannen. Selbst Pflanzen aus dem Mittelmeerraum, die eigentlich reichlich Sonne gewöhnt sind, tut der Schatten wohl. Denn anders als in ihrer Heimat, wo sie im kühlen Erdboden wurzeln, heizen sich frei stehende Töpfe in der Sonne stark auf. Überhitzen die Wurzeln, arbeiten sie nicht mehr richtig und versorgen die Pflanzen nurmehr notdürftig. Gut gekühlt, liefern sie dagegen im erforderlichen Maße Wasser nach – und die Pflanzen genießen die Sonne.

Im Trend: Dauergäste für den Balkongarten

Winterfeste Funkien *(Hosta)* und Taglilien *(Hemerocallis)* machen schattige Balkonecken alle Jahre wieder zur attraktiven Blumennische.

Die Invasion

der neuen Topfpflanzen ist nicht mehr aufzuhalten. Längst haben die einjährigen Sommerblumen in Töpfen und Kästen auch auf dem Balkon, ihrer ehemaligen Paradedisziplin, Konkurrenz bekommen. Die Mitstreiter kommen aus dem Garten: Langlebige **winterfeste Blütenstauden** und **kleine Blütensträucher** verlassen ihr Revier und starten in Töpfen eine neue Karriere. Die Stauden verlieren im Herbst ihr Laub – man sagt, sie ziehen ein –, überwintern mit Hilfe ihrer Wurzeln, und sprießen im Frühling neu. Jedes Jahr wieder. Das reizt viele Balkonbesitzer, die es lästig finden, jedes Jahr erneut Sommerblumen zu säen oder beim Gärtner einzukaufen. Schließlich kostet das Zeit und geht auch ins Geld. Stauden dagegen sorgen, einmal gekauft, jahrelang für Blüten und werden dabei immer kräftiger und größer. Nach zwei bis drei Jahren topft man sie im März aus, halbiert oder viertelt die Wurzeln mit einer Säge oder einem scharfen Messer und setzt die gesunden, kräftigsten Teilstücke in Gefäße oder den Garten zurück. So kommen Sie obendrein kostenlos zu mehr Pflanzen.

Schlicht ist schöner

lautet der zweite Trend, der sich im Balkongarten abzeichnet. Vor allem rein weiße Blütensets liegen im Trend (siehe S. 76 ff.). Kleinblütige Arten mit Wildcharakter verdrängen die Riesenblüten in schreienden Farben. Die neue Eleganz zeigt sich auch in der **Renaissance des Buchs** *(Buxus sempervirens)*. Bis zum Jahrtausendwechsel war Buchs in vielen Gärten verpönt, galt als »Friedhofspflanze« und wurde höchstens als Einfassung für den Gemüsegarten geduldet. Jetzt aber ist Buchs wieder »en vogue«, nicht nur in stilvollen Vorgärten, sondern vor allem im Balkon- und Terrassenbereich. Man setzt auf große Einzelstücke, die zwar ihren Preis haben, aber man braucht ja auch nicht wirklich viele, um einen schmalen Balkon einzurichten.

Dünne haben's leicht im Balkongarten. Pflanzen mit **schlankem Wuchs** wie Mittelmeer-Zypresse *(Cupressus sempervirens)* oder Säulen-Eibe *(Taxus baccata* 'Fastigiata Robusta') sind die Stars auf dem Laufsteg. Und schmal wie diese sind tatsächlich viele Balkone. Zu den begehrtesten Models gehören auch Formschnittpflanzen wie Liguster *(Ligustrum ionandrum)* und Lorbeer *(Laurus nobilis)* in Kegelform, als Spirale oder akkurat als Kugelkronen geschnitten. Auch winterharte Klettermaxe, die an eisernen Obelisken emporranken, machen das Rennen: von Jelängerjelieber-Arten *(Lonicera)* über Trompetenblumen *(Campsis radicans)* bis hin zu den vielen Waldreben-Sorten *(Clematis*-Hybriden). Angesichts dieser Konkurrenz haben die einjährigen Balkonkastenklassiker immer häufiger das Nachsehen, ja, der »Kasten-am-Balkongeländer« verschwindet zunehmend und wird durch Topfpflanzen ersetzt.

Wehrlose Balkongäste sind eher willkommen als bewehrte. Schließlich lässt es sich angesichts der gegebenen Enge kaum vermeiden, dass man an den Blättern und Zweigen vorbeistreift, wenn man sich auf dem kleinen Eiland »Balkonien« bewegt. Stechpalme *(Ilex)*, Berberitze *(Berberis)*, Feuerdorn *(Pyracantha)*, Kletterrose *(Rosa*-Hybriden) oder Säulen-Wacholder *(Juniperus communis* 'Hibernica') haben in diesem Sinne das Nachsehen, obwohl sie die obigen Kriterien der Schlankwüchsigkeit und/oder Schnittverträglichkeit durchaus erfüllen würden. Stattdessen sind weichblättrige Pflanzen gefragt, die sich im Idealfall nicht nur gut anfühlen, sondern auch noch gut riechen. Salbei *(Salvia)* mit seiner ganzen Sortenvielfalt und viele andere Kräuter von Lavendel *(Lavandula)* bis Thymian *(Thymus)* und Oregano *(Origanum)* sind die neuen Aufsteiger im Balkongarten. Sie werden nicht mehr nur als Nutzpflanzen gesehen und eingesetzt, sondern als attraktive Zierarten, die den Blütenpflanzen durchaus Konkurrenz machen.

Hierachien sind im kleinen Balkongarten der Garant für Ordnung. Staffeln Sie die Wuchshöhen: die großen kommen in den Hintergrund, die mittleren in die Mitte, die ganz kleinen nach vorne. Das ist doch logisch, sagen Sie? Und doch wird dies oft genug missachtet und Kleinode gehen in der hintersten Reihe unter. Holen Sie sie nach vorn – im Topfgarten geht das ja glücklicherweise viel einfacher als im Beet. Angesichts der limitierten Stellfläche ist das Umstellen der Töpfe auch noch in anderer Hinsicht praktisch: Töpfe, die gerade blühen, können Sie mit Leichtigkeit in den Vordergrund holen, Abgeblühtes dafür weniger einsehbar platzieren. So sieht es jederzeit schön (und) aufgeräumt aus.

Die Lösung für schmale Balkone ist eine Reihe stattlicher Buchsbäume *(Buxus)*, die dank regelmäßigen Rückschnitts nicht aus der Form geraten.

Rund ums Haus: Für Töpfe ist überall Platz

Werfen Sie ausgediente Tische, die beschädigt sind, nicht weg. Als Stellfläche für kleine Töpfe und Accessoires starten sie eine zweite Karriere.

Wie viele Möglichkeiten es für den Einsatz von Topfpflanzen gibt, fällt einem nicht auf den ersten Blick ins Auge. Im Garten, auf der Terasse und dem Balkon – das sind die klassischen Einsatzgebiete. Aber Hauswände, Tische, Treppen und Regale? Man muss schon ein eingefleischter Topffan sein, um alle Optionen auszuschöpfen. Wer aber einmal die Möglichkeiten entdeckt hat, findet immer neue – und einen Riesenspaß daran, alle Flächen rund ums Haus mit schönen Töpfen zu dekorieren.

Tischfein präsentiert sich so manche **Sammlung** schmucker Kleinode **auf alten Tischen**, die als Essplatz in die Jahre gekommen oder nicht mehr zeitgemäß sind. Dabei macht es nichts, wenn Steinplatten Macken haben, Eisengestelle rostig oder Holzflächen vergraut sind. Das Unperfekte macht gerade ihren Charme aus. Ohne regelmäßigen Anstrich muss man sich von morschen Holztischen zwar nach ein paar Jahren trennen, Steinplatten aber halten weitere Jahrzehnte. Mit ihnen lassen sich im Garten Akzente setzen, wo bislang etwas fehlte: vor einer Strauchreihe, die im Sommer keine Blüten mehr präsentiert, oder geschnittenen Hecken, die eintönig wirken. Aber auch auf der Terrasse oder dem Balkon können die Tisch-Veteranen bleiben, wenn es der Platz zulässt, um als Präsentationsfläche für kleine Pflanzen zu dienen, die am Boden unbemerkt blieben.

Eine alte Steinbank wird zur Bühne für edelgraue Kräuter und liebevoll ausgewählte Accessoires im englischen Stil.

Wandmalereien sind seit der Antike beliebt: Große Flächen laden geradewegs dazu ein, sie individuell zu verzieren. Wer mit Pinsel und Farbe nicht geübt ist, kann diese Aufgabe auch in die Hände der Natur legen. Sorgen Sie mit kleinen Töpfen oder **halbrunden Wandschalen**, in die man Samenkörner legt oder Jungpflanzen setzt, nur für die passenden Startbedingungen. Die Farbtupfer kommen in Form von Blüten und Blattfarben dann von allein. Nun ja, nicht ganz: Gießen müssen Sie die Gefäße auch noch, damit sie feucht bleiben. Damit kein Tropfwasser an der Hauswand herabrinnt, sollten die Töpfe ein Bodenloch in der Mitte haben und leicht von der Wand weggeneigt aufgehängt werden. So tropft das Wasser herab, ohne die Hauswand zu berühren. Abflusslose Übertöpfe sind gefährlich, da die Pflanzen nach ergiebigen Regenfällen tagelang zu nass stehen und die Wurzeln unter Fäulnis leiden können. Untersetzer helfen nicht viel, da sie rasch volllaufen und sich wiederum Tropfwasser bildet.

K(r)esser Wandschmuck: Mit einem Gurt aus Bändern über einen Eisenstabgehängt, schmückt bunte Kapuzinerkresse *(Tropaeolum)* Ihre Fassade.

Abschauen kann man sich die Technik der **Wandtöpfe** in südlichen Ländern, wo sie oft zu Dutzenden die Hauswände zieren. Ihre Besitzer machen sich um die Schmutzränder weniger Sorgen; die Häuser werden alle paar Jahre ohnehin neu geweißelt oder farbig gestrichen. Professionell gehen Sie die Fassenbegrünung an, wenn Sie die einzelnen Töpfe mit einem automatischen Bewässerungssystem aus Tropfern verbinden und an einen Bewässerungscomputer anschließen, damit die Erde kontinuierlich feucht gehalten wird.

Auf die Körbchengröße kommt es bei den »Durchhängern« im Topfgarten an: den **Blumenampeln** und Hängenden Körben, besser bekannt unter ihrem englischen Originalnamen **»Hanging Baskets«**. Sie brauchen am Boden überhaupt keine Stellfläche, sondern hängen in luftiger Höhe von Haken in der Balkondecke, dem Balken einer Pergola oder einem Baumast herab. Für die Gestaltung sind Hängepflanzen sehr wichtig, da sie ihre Blüten in Augenhöhe präsentieren. Sonst spielt sich im Topfgarten vieles am Boden ab. Wenn Ihnen am Haus noch ein Blickpunkt fehlt, muss dieser nicht unbedingt aus einem großen Topfstrauch heranwachsen, der sich mühsam von unten nach oben aufbauen muss. Blumenampeln erfüllen den gleichen Zweck mit weniger Aufwand. Ihre Taktik ist gegenverkehrt: Sie streben mit zunehmendem Wachstum dem Boden entgegen. Praktisch für eine flexible Höhenjustierung der Ampeln sind Flaschenzüge, die man zwischen den Haken und die Ketten oder Seile installiert, mit denen die Gefäße aufgehängt werden. Dann kann man sie auf beliebige Höhen herabziehen – auch beim Gießen ein großer Vorteil.

Strohblume *(Helichrysum)* und Salbei *(Salvia* 'Icterina') wuchern im Sommer gerne in Pflanzschalen, die von Decken oder Ästen baumeln.

Stellen Sie sich vor, Sie könnten auf gleicher Fläche doppelt so viele Topfpflanzen unterbringen wie bisher. Welcher Pflanzenfreak würde da wohl nein sagen? **Stellagen, Etageren** und **Regale** machen es möglich. Der Fachhandel bietet Ihnen verschiedenste Fertigmodelle von Blumenregalen und -treppen an. Wer darunter nicht das Richtige findet, entwirft kurzerhand selbst das Passende. Mit etwas handwerklichem Geschick können Sie aus Holz gut selbst Ihre Ideen realisieren. Für schmiedeeiserne Entwürfe wendet man sich an einen örtlichen Schmied. Achten Sie auf die Standfestigkeit der Fabrikate, damit sie auch bei Windböen nicht umfallen und vieles zu Bruch geht. Entweder müssen die Stellagen dazu eine breite Basis haben oder mit Stützen tief und fest im Boden verankert werden können. Auch die Stellflächen selbst müssen stabil sein, damit sie sich unter dem Gewicht der Töpfe nicht schon nach wenigen Wochen durchbiegen. Testen Sie auch Fertigprodukte im Handel daraufhin kritisch, denn was nutzt das schönste Design, wenn die Blumenregale nicht halten, was sie sollten.

Boxen aus Holz sind im Topfgarten vielfältig verwendbar. Sie sind nicht nur praktische, weil stapelbare und damit platzsparende Aufbewahrungsorte für Werkzeuge und leere Töpfe. Zu Regalen gestapelt, bieten Weinkisten, wie sie Winzergenossenschaften zuweilen abgeben, Raum für eine Fülle von Topfpflanzen. Damit die Stapel Wind und Wetter dauerhaft standhalten, muss man sie auf der Rückseite durch Holzlatten oder Eisenklammern miteinander verzahnen. Wer es nicht natürlich-rustikal, sondern modern mag, verpasst den Kisten mit Sprühdose oder Pinsel einen neuen Anstrich in kräftigen Farben.

Die Säulen des Topfgartens sind zumeist aus Stein oder Betonguss, denn sie sollen möglichst ewig halten. Doch auch gusseiserne Säulen finden sich im Angebot moderner Nachbauten historischer Vorlagen. Da alle Varianten ein beachtliches Gewicht haben, kommen sie vor allem im Garten, auf Wegen und befestigten Sitzflächen zum Einsatz. Bei Balkonen überschreiten sie häufig deren Tragfähigkeit! Achten Sie ferner bei allen Säulen auf die Proportionen. Das Pflanzgefäß sollte im Durchmesser und in der Höhe mit der Säule harmonieren und idealerweise aus dem gleichen Material sein. Zur Nebensächlichkeit wird dieser Aspekt allerdings, wenn die Bepflanzung so üppig ist, dass sie den Topf überwallt und er ohnehin nurmehr als »Blütenkugel« wahrnehmbar ist.

Gehören Sie auch zu denen, die Geranien *(Pelargonium)* langweilig finden? In chicen Eisengestellen zeigen sie sich von ihrer modernen Seite.

Stellagen mit Stil schaffen nicht nur Platz. Sie verbessern auch die Wachstumsbedingungen der Pflanzen. Besonders sonnenhungrige und wärmebedürftige Arten stellt man nach oben. Solche, die eine höhere Luftfeuchte wünschen, fühlen sich in Bodennähe wohler, wo die Luft vom Rasen befeuchtet wird. Besser als massive Stellflächen sind Roste, durch die Restwasser ablaufen kann.

◄ ***Lagenweise*** leckere Kräuter kann man in Küchennähe gar nicht genug haben. Wer an seine Wohnung einen überdachten Bereich oder sogar einen Wintergarten angeschlossen hat, kann schon früh im Jahr mit der eigenen Aussaat beginnen. Hat man dazu nur die Fensterbänke, wird der Platz schnell knapp. Mit einem Regal für Saatkästen gibt es jedoch jedes Jahr Kräuter satt für frische Würze.

Die Aufsteiger der Saison sind Blumenregale. Töpfe, die sich am Boden tummeln, stehlen sich oft gegenseitig die Show. Wer ihnen aber Karriereleitern baut, hebt die einzelnen Stars entsprechend ihrer Qualitäten in Augenhöhe empor. Und spart dabei noch jede Menge Platz. Durch die Überlappung einzelner Regallagen brauchen die Pflanzen weniger Stellfläche, ohne sich dabei gegenseitig Konkurrenz um das wertvolle Licht zu machen.

In Schräglage laufen Töpfe auf schmalen Fenstersimsen Gefahr, herabzurutschen. Ein »Topfgeländer« sichert wie in diesem Fall die weißen Geranien. Passanten, die ahnungslos unter dem Fenster entlanggehen, haben nichts zu befürchten. Die Alternative ist, die Töpfe mit Drahthaken oder Seilen, die man um die Topfkrempen schlingt, miteinander zu verbinden: Alle zusammen machen sie nicht so schnell davon.

▲ ***Die Karriereleiter*** steigen Topfpflanzen immer dann hinauf, wenn man sie besonders individuell einsetzt. Ein Baumhaus im Garten hat wahrlich nicht jeder, und auch nicht die Gelegenheit, den Weg hinauf in das »Ein-Zimmer-Appartment« mit kleinen Topfpflanzen zu säumen. Dann kann man auf alte Leitern zurückgreifen. Gegen die Hauswand oder einen Baumstamm gelehnt, sind breite Trittstufen eine prima Stellfläche für Töpfe.

Das Gartenjahr im Topf

Start in den Frühling

Wie im Blumenladen reichen Ihnen Tulpen in Töpfen ihre Blütenkelche. Während sie in der Vase bald welken, bleiben sie hier wochenlang frisch.

Vorboten des kommenden Gartenjahres sind **Zwiebelblumen** wie Schneeglöckchen *(Galanthus nivalis)*, Krokusse *(Crocus*-Hybriden), Traubenhyazinthen *(Muscari armeniacum)*, Blausterne *(Scilla sibirica)*, Schneeglanz *(Chionodoxa luciliae)*, Puschkinien *(Puschkinia scilloides)* und Winterling *(Eranthis hyemalis)*. Und das nicht nur im Garten. Sie gedeihen auch in Schalen und Töpfen prächtig und treiben überall im Garten die Tristesse trüber Wintertage aus. Die Energie für ihre Blüte nehmen die Frühchen aus ihren unterirdischen Zwiebeln oder Speicherknollen. Gepflanzt werden sie bereits im Herbst zuvor und im Freien an Ort und Stelle überwintert. Doch auch wenn Sie die Pflanzzeit im September und Oktober verpasst haben: Die Gärtnereien bieten im Spätwinter und Frühling vorgetriebene, das heißt »fertige« Pflanzen an, die bereits in voller Blüte stehen. Wer mehrere davon in Schalen zusammenstellt und -pflanzt, kann das Versäumte rasch nachholen. Allerdings kosten die fertigen Pflänzchen deutlich mehr als die losen Zwiebeln im Herbst. Und Sie müssen mit den Temperaturen aufpassen: Vorgetriebene Pflanzen sind zumeist in beheizten Gewächshäusern auf ihren frühen Blühtermin vorbereitet worden.

Obwohl Krokus & Co. von Natur aus völlig winterfest sind und selbst bei Schnee und Frost unerschrocken weiterblühen, halten diese Treibhauspflanzen plötzlichen Kälteeinbrüchen nur schwerlich stand. Das gilt insbesondere für Narzissen oder Tulpen, die weit vor ihrer Zeit schon ab Januar blühend angeboten werden, sowie für die wunderschönen Zwiebel-Iris (z. B. *Iris reticulata*, *I. histrioides*, *I. danfordiae)*. Bei starkem Frost nehmen die Knospen Schaden, und der Flor setzt aus. Werfen Sie zur Vorbeugung in kalten, wolkenlosen Nächten ein Vlies, Stofftücher oder Zeitungspapier über die Töpfe, oder holen Sie die Gefäße sicherheitshalber über Nacht ins Haus. Am Folgetag stellt man sie gleich morgens wieder hinaus ins Freie, da die Zimmerwärme die Blüte ebenfalls verkürzen würde. Schnee schadet dagegen nicht. Im Gegenteil: Er wirkt für die Pflanzen wie eine wärmende Decke. Vor allem lockerer Neuschnee hat zahlreiche Lufteinschlüsse, die wie Wärmepolster wirken und die Töpfe vor nächtlicher Auskühlung schützen. Lassen Sie Schneedecken deshalb unbedingt auf den Gefäßen liegen.

Der zweite Akt des Frühlingsballetts hebt ab April den Vorhang vor allem für **Tulpen** *(Tulipa*-Hybriden), **Narzissen** aller Art *(Narcissus)* und intensiv duftende **Hyazinthen** *(Hyacinthus*-Orientalis-Hybriden). Sie gehören im Topfgarten schon ebenso zur ersten Schauspiel-Riege wie im Garten.

Oben: **Die moderne Pflanzenverwendung setzt auf Kontraste und kombiniert kleine Stiefmütterchen mit großen Vasen, in die man Pflanzschalen einhängt. Sie werden nicht ganz mit Erde gefüllt.**

Mitte: **Schachbrettblumen *(Frittillaria meleagris)* lassen immer die Köpfe hängen – und heben gerade dadurch die Stimmung im Frühlingsgarten.**

Unten: **Mit einem feinen Gefühl fürs Detail vollendet jeder seinen Garten. Greifen Sie mit einem Stiefmütterchen-Kasten in Pink und Rosa den violetten Flor des bodendeckenden Purpurglöckchens *(Heuchera)* im Hintergrund auf.**

Doch auch Kleinode wie Schachbrettblumen *(Fritillaria meleagris)*, Goldstern *(Gagea lutea)*,Trauerglocke *(Uvularia grandiflora)* und Hundszahnlilie *(Erythronium dens-canis)* erobern die Gefäße fortgeschrittener Topfgärtner, die Freude an neuen Gestaltungsideen haben. Alle genannten Arten sind zuverlässig frostfest, kommen aber mit Dauernässe im Winter nicht klar. Ist die Erde permanent nass, faulen die Zwiebeln oder Knollen und sprießen im

Frühling nicht mehr. Bieten Sie den Zwiebeln, die ebenfalls im Herbst des Vorjahres gepflanzt werden, deshalb regengeschützte Plätze unter Dachvorsprüngen oder unter Glas.

Eitelkeit ist aller Schönheit Anfang, vor allem bei den Narzissen, die nach dem griechischen Jüngling Narziss benannt sind, der sich in sein eigenes Spiegelbild verliebte. Während im Garten vor allem die großblütigen Sorten beliebt sind, werden im Topfgarten eher die kleinblütigen wie die Alpenveilchen-Narzissen *(Narcissus cyclamineus)* bevorzugt. Ein Genuss für Augen und Nase sind die kleinkronigen rund 30 cm hohen, intensiv duftenden Poetaz-Narzissen *(Narcissus*-Poeticus-Hybriden) sowie Jonquillen *(Narcissus jonquilla)* oder Dichter-Narzissen *(N. poeticus)*. In halbschattigen, luftfeuchten Lagen blühen sie am besten. Setzen Sie die Zwiebeln im Herbst doppelt so tief in die Erde wie sie selbst hoch sind.

Stiefmütterchen *(Viola)* sind längst nicht mehr nur Stiefkinder fürs städtischen Grün. In neuen, fröhlichen Sorten und romantischen Farben erobern sie die Frühlingsgärten aller Generationen.

Nach der Blüte

haben Zwiebelblumen einen Nachteil: Ihre Blätter beginnen nach rund sechs Wochen zu welken. Bis dahin haben sie mit Hilfe der Photosynthese genug Energien aufgebaut, dass die Zwiebelspeicher wieder prall gefüllt sind. Die **Blätter** sind überflüssig und werden **»eingezogen«**, wie es im Fachjargon heißt. Der Grund liegt in der Heimat der Zwiebelblumen: Die meisten von ihnen wachsen unter Baumkronen oder in dichten Wiesen. Solange die Bäume laublos und die Gräser niedrig sind, haben die Zwiebelblumen genug Platz und Licht, um zu blühen und zu gedeihen. Im Sommer aber rauben ihnen ihre Nachbar zu viel Licht, und sie ziehen freiwillig den Kürzeren. Was aber ist zu tun, wenn man nicht auf die gelben Blätter blicken möchte? Zum einen können Sie die Zwiebelblumentöpfe in den Hintergrund rücken. Sie brauchen jetzt ohnehin kein Licht mehr – und im Grunde auch keine Feuchtigkeit. Deshalb kann man sie ebensogut aus den Töpfen herausnehmen, von Erdresten säubern und trocken bis zum Herbst in kühlen Räumen einlagern. Die frei werdenden Gefäße können Sie für den Rest der Saison für **Sommerblumen** nutzen. Und wenn diese wiederum im Herbst vergehen, sind die Schalen erneut frei für die Zwiebelblumen.

Vergissmeinnicht

gilt nicht nur für die gleichnamigen Blumen *(Myosotis)*. Auch an die Stiefmütterchen *(Viola*-Wittrockiana-Hybriden) sollten Sie im Frühlingsgarten unbedingt denken. Beide zählen zu den **zweijährigen Pflanzen**. Das bedeutet, sie keimen im Sommer und bilden bis zum Winter Blätter, im Herbst zuweilen auch schon erste Blüten. Dann überwintern sie im Freien mit einer Abdeckung aus Fichtenzweigen, die sie vor Kahlfrost schützt. Mit den ersten Strahlen der Frühlingssonne beginnen sie ab Ende Februar mit dem Flor, der bis in den Juni hinein andauert. Danach haben sich die Zweijährigen erschöpft und eine Weiterkultur lohnt sich nicht mehr.

Ebenfalls zu den zweijährigen Sommerblumen gehören Bartnelken *(Dianthus barbatus)*, Stockrose *(Alcea rosea)*, Goldlack *(Cheiranthus cheiri)* und Marienglockenblume *(Campanula medium)*. Die Primeln *(Primula*-Vulgaris-Hybriden) zählen dagegen zu den langlebigen und obendrein frostfesten Arten, die jedes Jahr wieder blühen. Werfen Sie sie also nach dem Frühlingsflor nicht weg. Wer sie in Schalen nicht mehr haben möchte, setzt sie an passender Stelle in den Garten.

Nicht ganz so früh

steigen die meisten Stauden in den Frühlingsreigen ein. Eine Ausnahme bilden die Christ- oder Lenzrosen

Zartgelbe Narzissen *(Narcissus*-Hybriden), blaue Stiefmütterchen *(Viola*-Wittrockiana-Hybriden) und Netz-Iris *(Iris reticulata)* sorgen in allen Lagen für die erste Blütengarnitur des Jahres.

(Helleborus-Hybriden). Ihre Blüten öffnen sich zwischen Dezember und Februar, wann immer das Wetter mild ist. Fällt nochmal Schnee, stört das die bis zu 8 cm großen, weißen, purpur- oder violettfarbenen Schalenblüten keineswegs. Damit sie sich in Töpfen dauerhaft wohlfühlen, muss der Standort luftfeucht und schattig, die Erde kalkreich sein. Die üblichen, stark torfhaltigen Blumenerden sind wenig geeigret und sollten mit Kalk aufgebessert werden (im Fachhandel).

Mit der Schneeschmelze

und dem Ende der großen Kälte sprießen überall die Staudenblüten aus den Töpfen. Je nach Witterung im März, spätestens im April können Sie sich über folgende Farben freuen:

Weiß: Gänsekresse *(Arabis caucasica)*, Schleifenblume *(Iberis sempervirens*, immergrün).
Gelb: Steinkraut *(Alyssum montanum)*, Lerchensporn *(Corydalis lutea)*, Gemswurz *(Doronicum caucasicum)*, Ungarwurz *(Waldsteinia geoides)*.
Rot: Polster-Phlox *(Phlox subulata* 'Temiskaming'), Bergenie *(Bergenia cordifolia* 'Abendglocken').
Rosa: Tränendes Herz *(Dicentra spectabilis)*.
Blau & Violett: Blaukissen *(Aubrieta × cultorum)*, Leberblümchen *(Hepatica nobilis)*, Gedenkemein *(Omphalodes verna)*, Küchenschelle *(Pulsatilla vulgaris)*, Duft-Veilchen *(Viola odorata)*.

Im Wonnemonat Mai

gibt es dann kein Halten mehr im Stauden-Topfgarten. Von der Akelei *(Aquilegia*-Hybriden) bis zur Wolfsmilch *(Euphorbia myrsinites)* blüht es aus allen Töpfen in allen Farben:

Weiß: Silberwurz *(Dryas suendermannii)*, Maiglöckchen *(Convallaria majalis)*.
Gelb: Goldkamille *(Anthemis biebersteiniana)*, Pfennigkraut *(Lysimachia nummularia)*, Trollblume *(Trollius)*.
Rot: Nelkenwurz *(Geum coccineum)*, Purpurglöckchen *(Heuchera micrantha)*, Pfingstrosen *(Paeonia*-Lactiflora-Hybriden), Türkischer Mohn *(Papaver*-Orientale-Hybriden; zieht nach der Blüte ein).
Rosa: Grasnelke *(Armeria maritima)*, Pfingstnelke *(Dianthus caesius)*, Herzblatt-Kugelblume *(Globularia cordifolia)*, Schleierkraut *(Gypsophila repens* 'Rosa Schönheit'), Schecken-Knöterich *(Polygonum affine)*, Seifenkraut *(Saponaria × lempergii)*.
Blau & Violett: Günsel *(Ajuga reptans)*, Frühlings-Aster *(Aster alpinus* 'Dunkle Schöne'), Berg-Flockenblume *(Centaurea montana* 'Grandiflora'), Stengelloser Enzian *(Gentiana acaulis)*, Pracht-Storchschnabel *(Geranium × magnificum)*, Katzenminze *(Nepeta × faassenii)*.

Geben Sie Narzissen *(Narcissus)* und Veilchen *(Viola)* reihenweise einen Korb, der jeweils mit Moos ausgepolstert ist – so erwecken Sie die eiserne Säule im März zum Leben.

Strauchdiebe könnten im Frühling leicht in Versuchung geraten, sich in den Topfgärten zu bedienen. Denn ab April stehen hier zahlreiche **Gehölze** in voller Blüte. Zu den schönsten Vertretern zählt die Sternmagnolie *(Magnolia stellata)*. Ihre schneeweißen, bis zu 12 cm großen Blüten knospen noch vor den ersten Blättern. Prächtig, weil ebenfalls vor dem Laubtrieb dicht mit Blüten besetzt, sind die Zierkirschen *(Prunus-*Hybriden) und Ziermandeln *(Prunus triloba, P. tenella)*. Bei Zierkirschen ist es eine Frage der Sorte, ob sie dauerhaft in großen Töpfen gedeihen. 'Kiku-shidare' *(Prunus serrulata)* ist mit durchschnittlich 3 m Höhe eine der kleinsten, und auch 'Pendula' *(Prunus subhirtella)* erreicht mit ihren kaskadenartig herabfallenden Zweigen kaum mehr als 3 m. Ebenfalls möglich sind 'Shirotae', 'Taihaku' und 'Autumnalis', sofern sie auf schwachwüchsige Unterlagen veredelt sind.

Den Bienen zuliebe sollten Sie eine Hänge-Kätzchenweide *(Salix caprea* 'Pendula') in Ihren Topfgarten aufnehmen: Ihre Blütenstände sind eine der frühesten Bienenweiden. Nicht verzichten sollte man auch auf die Felsenbirne *(Amelanchier ovalis)*. Auf die Hundertschar weißer Blüten folgen im Sommer leckere, vitaminreiche Früchte zum Naschen und eine tolle Herbstfärbung. Der Judasbaum *(Cercis siliquastrum)*, der auch strauchförmig wächst, ist mit seinem rosafarbenen Flor ein Muss für milde Lagen. Oft schon im Februar blühen Scheinhasel *(Corylopsis pauciflora)* und Zaubernuss *(Hamamelis mollis)*. Da sie empfindliche Wurzeln haben, sollte man sie möglichst selten umtopfen und von Anfang an große Gefäße wählen.

Wohl bekannt im Garten ist das Goldglöckchen *(Forsythia intermedia)*, doch im Topfgarten setzt es sich nur langsam durch. Besonders geeignet sind die kleinwüchsigen Sorten 'Goldzauber' oder 'Minigold' mit rund 1,5 m Endhöhe. Ebenfalls in kräftigem Goldgelb blüht der Ranunkelstrauch *(Kerria japonica)*. Damit die dünntriebigen, maximal mannshohen Sträucher blühfreudig und kompakt bleiben, muss man sie jeden Spätwinter kräftig zurückschneiden. Gelbe April-Blüten sind auch die Spezialität der Edel-Ginster *(Cytisus praecox)* mit Sorten wie 'Allgold' (gelb), 'Hollandia' (rot-gelb) oder 'Zitronenregen' (hellgelb). Wer duftende Blüten schätzt, sollte es mit dem kniehohen Federbusch im Topf probieren *(Fothergilla gardenii)*, der im Mai weiß blüht. Auch der beliebte Flieder *(Syringa vulgaris)* ist, als Stämmchen gezogen, mit seinen duftenden Blüten durchaus kübeltauglich.

Frühlingsblüher für Töpfe & Kübel (untere Reihe: Gehölze)

Narzisse
Narcissus

⬆ 0,2–0,5 m ✱ 3–5 ○–◑

Kleinblütige Sorten auf standfesten Stielen wie ‘Tête á Tête’, die auch bei Wind und Wetter nicht knicken, sind besonders geeignet. In windstillen Lagen sind auch die großblütigen Sorten topftauglich.

Primel
Primula-Vulgaris-Hybriden

⬆ 0,1–0,2 m ✱ 3–5 ○–◑

Primeln findet man im Frühjahr in fast ebenso vielen Variationen wie Stiefmütterchen preiswert angeboten. Pflegen Sie die Stauden nach der Blüte weiter: Sie sind winterfest und blühen jedes Jahr wieder.

Tulpe
Tulipa-Hybriden

⬆ 0,2–0,5 m ✱ 3–6 ○

Durch geschickte Sortenwahl können Sie die Blüte von den frühen Wildtulpen (z. B. *Tulipa*-Kaufmanniana-Hybriden) bis zu den spätblühenden Darwin- oder Papageientulpen auf ganze 12 Wochen ausdehnen.

Stiefmütterchen
Viola-Wittrockiana-Hybriden

⬆ 0,2 m ✱ 10–11/3–5 ○–◑

Nach ersten Blüten im Oktober und November setzt im März die Hauptblüte der zweijährigen Blumen ein. In Töpfen bleiben sie oft gesünder als im Gartenboden, wo ihnen diverse Krankheiten drohen.

Kamelien
Camellia japonica

⬆ 0,8–1,8 m ✱ 2–5 ◑

Viele Kameliensorten sind frostfester als man bislang annahm. Mit einer Topfisolierung und Schattierung der Kronen werden künftig immer mehr der »Winter-Rosen« die Topfgärten von Pflanzenfans bereichern.

Stern-Magnolie
Magnolia stellata

⬆ 1,5–2 m ✱ 4–5 ○

Während sich die Knospen oder aufgehenden Blüten anderer Magnoliensorten bei Spätfrösten braun färben, bleiben die duftenden Blüten dieser strauchigen Art auch dann reinweiß.

Ziermandel
Prunus triloba

⬆ 1,2–2 m ✱ 4–5 ○

Noch vor den Blättern sitzen die Blüten wie Perlen aufgereiht an den Zweigen, die im letzten Sommer gewachsen sind. Ein Rückschnitt nach der Blüte hält die Stämmchen blühfreudig und gesund.

Azalee
Rhododendron-Hybriden

⬆ 0,2–1,8 m ✱ 4–6 ○–◑

Während Rhododendron-Arten immergrün sind, tauschen Azaleen jährlich im Spätwinter ihr Laub aus und machen die Bühne frei für den üppigen Flor. Bei Topfpflanzen ist ein leichter Winterschutz ratsam.

⬆ = Höhe, ✱ = Blütezeit in Monaten, ○ = sonniger, ◑ = halbschattiger, ● = schattiger Standort

Sommer, Sonne & gute Laune mit blühenden Pflanzgefäßen

Einheitsgraue Garagenzufahrten gehören mit einer Reihe Kübelpflanzen der Vergangenheit an. Hier stehen blaue Prinzessinnenblumen *(Tibouchina urvilleana)*, gelbe Schönmalven *(Abutilon*-Hybride) und Hibiskus *(Hibiscus rosa-sinensis)* Spalier .

Ab Mitte Mai ist mit den **Eisheiligen** Pankratius, Servatius, Bonifatius und Sophie (12.–15. Mai) in den meisten Regionen Deutschlands die Frostgefahr gebannt. Nur in Hochlagen und Kaltlufttälern (Mittelgebirge, Alpenvorland) hält der Winter länger an. Obwohl das Wetter immer häufiger Kapriolen schlägt, ist der 15. Mai somit der Stichtag, an dem man auch die kälteempfindlichen Sommerblumen und exotischen **Kübelpflanzen** nach draußen stellen kann. Doch Vorsicht: Auch wenn es sich um Arten handelt, die volle Sonne lieben, müssen sich überwinterte Pflanzen nach den lichtarmen Wochen im Haus erst langsam an die Sonne gewöhnen. Sonst bekommen die Blätter einen »Sonnenbrand« wie unsere Haut, wenn wir uns im Urlaub gleich am ersten Tag stundenlang in die Sonne legen. Wählen Sie also zunächst halbschattige Plätze oder sorgen Sie mit Sonnenschirm oder Markise für Schatten, wenn die Frühlingssonne zur Mittagszeit allzu kraftvoll ist. Nach der rund 14-tägigen Eingewöhnungszeit dürfen die Sonnenkinder an ihren zugedachten Standort.

Blüten so weit das Auge reicht bietet das Sortiment der einjährigen **Sommerblumen**. Sie haben nur einen Sommer zum Leben – aber den nutzen sie zur Gänze, um möglichst viele Blüten hervorzubringen. Das Sortiment zählt Tausende von Sorten, zumal jedes Jahr von Amaranth *(Amaranthus)* bis Zinnie *(Zinnia*-Hybriden) Hunderte neuer Sorten hinzukommen. Während noch in den 80er-Jahren vor allem Geranien *(Perlargonium*-Hybriden), Begonien *(Begonia*-Hybriden) und Petunien *(Petunia*-Hybriden) die das Bild der Balkone und Hauseingänge prägten, steht heute eine reiche Auswahl aus aller Welt zur Verfügung:

Auch wenn es in den Beeten üppig blüht: Kübelpflanzen wie die Myrten-Stämmchen *(Myrtus communis* var. *tarntieren)* komplettieren das Bild.

Blaue Gänseblümchen *(Brachyscome multifida)* und Fächerblumen *(Scaevola)* aus Australien, Kapkörbchen *(Osteospermum)* und Elfensporn *(Diascia)* aus Südafrika, Schmuckkörbchen *(Cosmos bipinnatus)* und Zigarettenblümchen *(Cuphea)* aus Südamerika. Sommerblumen, die früher fest für den Garten gebucht waren, bekommen heute mit neuen, kompakteren Sorten einen Stammplatz im Topfgarten: Löwenmäulchen *(Antirrhinum majus)*, Studentenblumen *(Tagetes*-Hybriden), Mandelröschen *(Clarkia)*, Goldmohn *(Eschscholzia californica)*, Levkoje *(Matthiola incana)* und Kokardenblumen *(Gaillardia)* zählen zu den bekanntesten.

Inmitten von kugelrundem Zierlauch *(Allium giganteum)* und blauen Prärielilien *(Camassia quamash)* sind Amphoren auch ohne Bepflanzung Blickfänge.

Gäste aus aller Welt

sorgen auch im klassischen Kübelgarten der **exotischen Blütensträucher** für beste Sommerlaune. Wie die frostempfindlichen Sommerblumen dürfen die meisten von ihnen ebenfalls erst im Mai ins Freie. Bis sie sich eingewöhnt haben und mit der Blüte so richtig durchstarten, wird es bei den meisten Arten Juni. Doch dann können Sie jeden Monat auf Blüten satt zählen. Wandelröschen *(Lantana camara)*, Oleander *(Nerium oleander)*, Hibiskus *(Hibiscus rosa-sinensis)*, Blauflügelchen *(Clerodendrum ugandense)* oder Blauer Kartoffelstrauch *(Lycianthes rantonnettii)* sind in sonnenreichen Sommern bei guter Versorgung mit Dünger und Wasser absolute Dauerblüher. Bougainvilleen *(Bougainvillea*-Hybriden, *B. glabra)* blühen nicht immer, aber immer wieder und bringen bis zu drei Blütensätze pro Sommer hervor. Jede einzelne der prächtigen Sternkugel-Blüten der Schmucklilien *(Agapanthus)* hält bis zu sechs Wochen. Mit duftenden Blüten steigen Jasmin *(Jasminum officinalis)*, Sternjasmin *(Trachelospermum jasminoides)*, Klebsame *(Pittosporum tobira)*, Ba-

nanenstrauch *(Michelia figo)* und Duftblüte *(Osmanthus fragrans)* in den Blütenreigen ein. Die bis zu 40 cm langen Blütentrichter der Engelstrompeten *(Brugmansia)* verströmen am Abend ihr Parfüm. Da sie bei älteren Exemplaren gleich zu Hunderten von den Zweigen herabhängen, ist der Duft himmlisch.

Winterfeste Sommergäste

sind unter den **Zwiebelblumen** weniger zahlreich als frostempfindliche. Dafür zählen zu letzteren so prachtvolle Arten wie Dahlie *(Dahlia*-Hybriden), Indisches Blumenrohr *(Canna indica)*, Gladiole *(Gladiolus*-Hybriden), Inkalilie *(Alstroemeria aurantiaca)* und Pfauenblume *(Tigridia pavonia)*. Sie werden jeden Herbst ins Haus geholt, sobald die Blätter natürlicherweise verwelkt sind, und in kühlen, aber frostfreien Kellern trocken oder in leicht feuchtem Sand überwintert. Im März topft man sie in frische Erde und treibt sie im Haus bei 10 – 15 °C an. Im

Oben: **Meerlavendel *(Limonium sinuatum)*, Duftnessel *(Agastache foeniculum)*, Gazanie *(Gazania-Hybriden)* und Sonnenflügel *(Helipterum roseum)* finden sich zu einem Potpourri in Blau zusammen.**

Mitte: **Orangefarbene Schmuckkörbchen *(Cosmos sulphureus)*, weiße Margeriten *(Chrysanthemum)* und gelbe Wandelröschen *(Lantana-Camara-*Hybriden) locken den Sommer herbei.**

Unten: **In großen Kübeln wachsen blauer Salbei *(Salvia patens)*, orangefarbene Hornveilchen *(Viola cornuta)* und verschiedene Geranien *(Pelargonium)* zu einem »Beet-im-Blumentopf« zusammen.**

Mai kommen sie hinaus ins Freie, um je nach Sorte ab Juni zu blühen – und oft bis Oktober anzuhalten. Da Montbretie *(Crocosmia × crocosmiiflora)*, Steppenkerze *(Eremurus robustus)*, Prachtscharte *(Liatris spicata)* und Lilien *(Lilium*-Hybriden) in Töpfen nicht sicher frosthart sind, verfährt man mit ihnen ebenso. Ganzjährig im Freien bleiben können dagegen Prärielilien *(Camassia quamash)* und Spanische Hasenglöckchen *(Hyacinthoides hispanica)*, die ihre himmelblauen Blütenripsen im Mai zeigen. Zierende Blumenlauch-Arten *(Allium)* mit ihren spritzigen Blütenkugeln begleiten sie.

Unter den Stauden

konkurrieren gleich mehr als drei Dutzend Arten um einen Platz im sommerlichen Topfgarten. Ihr Flor hält kürzer an als bei den Sommerblumen, meist zwei bis vier Wochen pro Art. Ausnahmen sind Goldfelberich *(Lysimachia punctata)*, Katzenminze *(Nepeta)* und Sonnenröschen *(Helianthenium)*. Schneidet man die Stängel des Rittersporns *(Delphinium*-Hybriden) nach der Blüte kräftig zurück, blüht er im August ein zweites Mal. Bei den Flammenblumen *(Phlox*-Paniculata-Hybriden) kann man durch einen Rückschnitt im Juni die Blütezeit bis zum September verzögern oder staffeln.

Folgende Stauden haben sich in Einzeltöpfen bewährt: Schafgarbe *(Achillea millefolium)*, Astilbe *(Astilbe-Japonica-*

und Astilbe-Thunbergii-Hybriden), Ochsenauge *(Buphtalmum salicifolium)*, Glockenblumen *(Campanula glomerata, C. lactiflora, C. poscharskyana, C. portenschlagiana)*, Spornblume *(Centranthus ruber)*, Goldtröpfchen *(Chiastophyllum oppositifolium)*, Sommermargerite *(Chrysanthemum maximum)*, Goldkörbchen *(Chrysogonum virginianum)*, Mädchenauge *(Coreopsis lanceolata, C. verticillata)*, Rittersporn *(Delphinium*-Belladonna-, *D.*-Elatum-Hybriden), Federnelken *(Dianthus plumarius)*, Kugeldistel *(Echinops bannaticus)*, Feinstrahl *(Erigeron* 'Sommerneuschnee'), Alpen-Mannstreu *(Eryngium alpinum* 'Blue Star'), Storchschnabel *(Geranium dalmaticum, G. endressii, G. sanguineum)*, Sonnenröschen *(Helianthemum*-Hybriden), Schwertlilien *(Iris*-Barbata-Hybriden), Lavendel *(Lavandula angustifolia)*, Lupine *(Lupinus*-Hybriden), Goldfelberich *(Lysimachia punctata)*, Blutweiderich *(Lythrum salicaria)*, Katzenminze *(Nepeta × faassenii)*, Nachtkerze *(Oenothera missouriensis)*, Bartfaden *(Penstemon barbatus)*, Flammenblume *(Phlox*-Paniculata-Hybriden), Salbei *(Salvia officinalis, S. nemorosa)*, Dreimasterblume *(Tradescantia*-Andersoniana-Hybriden), Palmlilie *(Yucca filamentosa)*, Ehrenpreis *(Veronica spicata)* und Kandelaber-Ehrenpreis *(Veronicastrum virginicum)*.

Sommerblühende Sträucher,

die ganzjährig im Freien bleiben können, sind deutlich rarer gesät als bei den Stauden. Am beliebtesten sind die Bauern-Hortensien *(Hydrangea*-Macrophylla-Hybriden), die es in vielerlei Spielarten in Weiß, Rosa, Rot und Violett gibt. Ein weiteres Muss im Topfgarten ist der Eibisch *(Hibiscus syriacus)*. Im Gegensatz zu seinen tropischen Verwandten verträgt diese eurasische Art eine gute Portion Frost. Die wichtigsten Sorten sind 'Oiseau Bleu', der im Englischen 'Blue Bird' genannt wird (blau), 'Hamabo' (rosa mit rotem Zentrum), 'Totus Albus' (weiß) und 'Woodbridge' (rosarot). Zu Unrecht als Straßenbegleit- und Abstandsgrün verrufen sind die Spiersträucher *(Spiraea)* – in Wahrheit üppige und obendrein sehr pflegeleichte Sommerblüher. Weil sie sehr dicht wachsen, sind vor allem die Roten Sommer-Spieren *(S. × bumalda* 'Anthony Waterer'), die von Juli bis September durchblühen, prima Topfgäste. Die Rosa Zwerg-Spiere *(S. japonica* 'Little Princess') wird kaum kniehoch und blüht von Juni bis August unablässig. Schon im Mai zeigt die Weiße Rispen-Spiere *(S. × cinerea* 'Grefsheim') ihre langen, überhängenden Blütenrispen, ebenso die Pracht-Spiere *(S. × vanhouttei)*. Beide erreichen in Kübelkultur kaum mehr als 120 cm Höhe, im Garten bis zu 2 m. Blaue Blüten ab Juli tragen Säckelblume *(Ceanothus × delilianus)*, Blauraute *(Perovskia abrotanoides)* und Bartblume *(Caryopteris × clandonensis)*. Ihre Wurzeln brauchen im Winter einen Kälteschutz.

Beheizbare Gewächshäuser machen das Überwintern großer Zitruspflanzen *(Citrus)*, die den Sommergarten schmücken, zum Kinderspiel.

Sommerblüher für Töpfe & Kübel (o: Zwiebelblumen, u: Kletterpflanzen/Sträucher)

Indisches Blumenrohr
Canna-Indica-Hybriden

⬆ 1,2–1,8 m ✻ 7–10 ○

In nährstoffreicher, stets leicht feuchter Erde entwickeln sich die Tropenknollen rasch zu dichten Horsten und zeigen neben prächtigen Blüten rote oder mehrfarbige Blätter. Knollen frostfrei überwintern.

Montbretie
Crocosmia × crocosmiiflora

⬆ 0,5–0,8 m ✻ 6–9 ○–◑

Die südafrikanischen Schwertliliengewächse lieben sonnige, warme Plätze, an denen sie ihre roten, orangefarbenen oder gelben Blütenfahnen zeigen. Nicht sicher frostfest, überwintern sie besser im Haus.

Schopflilie
Eucomis bicolor

⬆ 0,3–0,6 m ✻ 6–8 ○–◑

Warm, geschützt und ein bisschen schattig – so lieben es diese südafrikanischen »Ananasblumen«, wie sie wegen ihres Blattschopfs auch heißen. Die Zwiebeln topft man im Oktober aus und überwintert sie.

Lilie
Lilium-Hybriden

⬆ divers ✻ 6–8 ○

Obwohl sie nicht wie Oster-, Königs-, Goldband- oder Pracht-Lilie *(L. longiflorum, L. regale, L auratum, L. speciosum)* duften, sind Asiatische Hybriden am besten, da sie kompakt wachsen und blühen.

Klettertrompete
Campsis radicans

⬆ 2–5 m ✻ 6–9 ○

Die starkwüchsigen sommergrünen Kletterpflanzen blühen in vollsonnigen Lagen am besten. Jährliches Auslichten im März fördert die Blüte am einjährigen Holz. Eine Isolierung der Wurzeln ist zu empfehlen.

Gartenjasmin, Pfeifenstrauch
Philadelphus-Hybriden

⬆ 1–2 m ✻ 6–7 ○–◑

Die weißen Blüten dieser sommergrünen Kleinsträucher sind nicht nur sehr zahlreich, sondern duften auch fantastisch. Gute Topfsorten sind 'Belle Etoile', 'Dame Blanche' und 'Manteau d'Hermine' (gefüllt).

Fingerstrauch
Potentilla fruticosa

⬆ 0,5–0,8 m ✻ 6–9 ○–◑

Dauerblühende Kleinsträucher in vorwiegend gelben Sorten ('Goldfinger', 'Kobold', 'Sommerflor'). 'Blink' blüht rosa, 'Abbotswood' weiß, 'Red Ace' orange. Für alle sonnigen, auch heißen Lagen geeignet.

Spiersträucher
Spiraea × bumalda

⬆ 0,8–1 m ✻ 7–9 ○–◑

Dankbarer, weil reichblühender und anspruchsloser sommergrüner Blütenstrauch. In sonnigen Lagen besonders reiche Blüte. Danach kräftig einkürzen. Auch als »Hecke-im-Pflanzkasten« verwendbar.

⬆ = Höhe, ✻ = Blütezeit in Monaten, ○ = sonniger, ◑ = halbschattiger, ● = schattiger Standort

Sommerblüher für Töpfe & Kübel (o: Stauden, u: nicht winterharte Kübelpflanzen)

Taglilie
Hemerocallis-Hybriden

⬆ 0,5–1,2 m ✻ 6–8 ○–◑

Das umfangreiche Sortiment bietet vor allem rote, orangefarbene und gelbe Sorten. Jede Blüte hält zwar nur einen Tag, doch die Knospen sprießen so zahlreich, dass der Eindruck eines Dauerblühers entsteht.

Purpurglöckchen
Heuchera-Hybriden

⬆ 0,2–0,5 m ✻ 5–7 ○–◑

Diese Stauden überzeugen nicht mehr nur mit langen Rispen roter Glockenblüten wie die Sorten ‘Leuchtkäfer’ oder ‘Red Sprangles’, sondern mit auffällig gefärbten, wintergrünen Blättern (siehe S. 66).

Schwertlilien
Iris-Barbata-Elatior-Hybriden

⬆ 0,6–1,2 m ✻ 5–6 ○

Volle Sonne und sandige Pflanzerde garantieren bei den »Orchideen des Gartens« eine reiche Blüte, die genügend Stiele für die Vase hergibt. Nässegeschützt im Freien überwintern.

Sonnenhut
Rudbeckia fulgida var. *sullivantii*

⬆ 0,5–0,7 m ✻ 7–9 ○

Blüten in Hülle und Fülle sind Ihnen bei diesen winterfesten Stauden sicher. Selbst die Fruchtstände sind attraktiv und eignen sich wie die frischen Blüten für Vasen und Gestecke.

Bougainvillee
Bougainvillea-Hybriden

⬆ 1–5 m ✻ 5–9 ○

Regelmäßig geschnitten, bilden die Kletterpflanzen kugelrunde Büsche oder Stämmchen, die mehrmals pro Saison blühen. Sie können wählen zwischen Sorten in Rot, Weiß, Gelb, Violett und Orange.

Engelstrompete
Brugmansia-Hybriden

⬆ 2–3 m ✻ 6–9 ○–◑

Ein jährlicher kräftiger Rückschnitt im März hält die starkwüchsigen Sträucher auf Topfformat. Gießen und düngen Sie stets reichlich. Die Sortenvielfalt ist riesig, die Vermehrung aus Stecklingen einfach.

Hibiskus
Hibiscus rosa-sinensis

⬆ 0,5–2 m ✻ 5–9 ○–◑

Wärme über 10 °C ist das A und O für die tropischen Sträucher, damit sie immer neue Blütenknospen ansetzen. In rauen Lagen sollten sie erst ab Juni ins Freie. Warme, windgeschützte Plätze wählen.

Oleander
Nerium oleander

⬆ 0,5–2,5 m ✻ 5–8 ○

Je sonnenreicher der Sommer, umso reicher blühen die immergrünen Sträucher, wenn sie immer gut mit Wasser und Dünger versorgt sind. Achtung beim Schnitt: Blüten bilden sich an mehrjährigen Trieben.

⬆ = Höhe, ✻ = Blütezeit in Monaten, ○ = sonniger, ◑ = halbschattiger, ● = schattiger Standort

Blüten, bunte Blätter & bildschöne Früchte: Hurra, der Herbst ist da!

Zieräpfel *(Malus)* schmücken die Zweige, bis sie von Ihnen oder den Vögeln geerntet werden. Im Trend liegen Platz sparende Spalierformen, zu deren Füßen sich Funkien *(Hosta)* herbstlich färben.

Bevor es herbstelt,

ist der Spätsommer da: mit einer Vielzahl farbenfroher Blüten, die im sanften Licht der kürzer werdenden Tage besonders mild und warm wirken. Zu den späten Floristen im Topfgarten zählen vor allem die **»Stauden-Sonnenblumen«**. Damit sind nicht die einjährigen Sonnenblumen *(Helianthus annuus)* mit den ölhaltigen Kernen gemeint, sondern langlebige Stauden mit großen, gelben Blüten. Hierzu zählen die namensgebenden Stauden-Sonnenblumen *(Helianthus decapetalus* 'Capenoch Star') ebenso wie die Sonnenaugen *(Heliopsis scabra)* mit 120 cm Höhe. Die Sonnenbräute *(Helenium*-Hybriden) steuern feurige oder gedämpfte Rottöne bei: 'Moerheim Beauty' in Kupferrot, 'Waltraud' in Fuchsrot, 'Baudirektor Linne' in Rotbraun. Der Goldklumpen-Sonnenhut *(Rudbeckia lanciniata* 'Goldquelle') prangt bis Oktober mit goldgelben Blütenbällen, die an 80 cm hohen Stielen wachsen. Ebenfalls zu dieser schönen Gruppe zählt der Purpursonnenhut *(Echinacea purpurea)* mit seinen altrosafarbenen, 80 cm hoch gestielten Blüten, den viele von Ihnen vielleicht eher als Heilpflanze kennen.

Richtig herbstlich

wird es, wenn die **Astern** in die Blüten-Show einsteigen. Da Raublatt- und Glattblatt-Astern *(Aster novae-angliae, A. novi-belgii)* bis zu 150 cm hoch werden können, sind für den Topfgarten vor allem niedrigere Sorten wie 'Crimson Brocade' (rot, 90 cm), 'Royal Ruby' (rot, 50 cm), 'Fellowship' (rosa, 80 cm), 'Patricia Ballard' (rosa gefüllt, 80 cm) oder 'Schneekuppe' (weiß, 90 cm) gefragt. Wenn auch der zweite Blütensatz der **Ritterspornе** *(Delphinium*-Hybriden) im August verwelkt, nimmt der Herbst-Eisenhut *(Aconitum carmichaelii* 'Arendsii') ihren Platz ein. Im Familiengarten haben diese stark giftigen Pflanzen jedoch Hausverbot. **Herbst-Anemonen** *(Anemone hupehensis, A.*-Japonica-Hybriden) sind für den September und Oktober das, was ihre kleinen Schwestern, die Buschwindröschen *(Anemome nemorosa, A. sylvestris)*, für den März sind: unverzichtbar. Mit 80 - 100 cm Höhe lassen die Herbst-Anemonen in einer Saison 60 Blüten und mehr pro Pflanze sprießen. Ein weiteres Highlight sind die rund 50 cm hohen Herbst-Fetthennen *(Sedum telephium)* mit ihren rosafarbenen Blütentellern, die wertvollen Nektar für Schmetterlinge und nützliche Insekten spenden, die noch so spät im Jahr unterwegs sind.

Ohne Chrysanthemen

kommen Sie im Topfgarten von heute gar nicht mehr aus. Während sich die Botaniker noch streiten, ob diese herbstblühenden Margeriten zu der Gattung *Dendranthema* oder *Chrysanthemum* gehören und die Zuordnung laufend ändern, kommen jährlich neue Farbvariationen auf den Markt - eine üppiger blühend als die andere. Als kugelrunde Büsche oder Stämmchen werben die langlebigen und frosttoleranten Pflanzen in den Gärtnereien und Gartencentern um Ihre Gunst. Sie blühen so lange unerschrocken weiter wie das Thermometer nicht unter 0 °C sinkt. Deckt man die Kronen nachts mit Stoffen ab, stoppt auch erster Frost die Blüte nicht. Gibt es jedoch einen plötzlichen Temperatursturz, färben sich die Blüten schwarz. Aber den Pflanzen selbst macht die Kälte nichts. Sie können in den Garten gepflanzt oder in ihren Töpfen frostfrei überwintert werden, um im nächsten Jahr erneut für ein furioses Finale zu sorgen.

Heidekräuter im Herbst

sind wie Tulpen im Frühling: Man freut sich schon das ganze Jahr darauf. Die Besenheide *(Calluna vulgaris)* blüht je nach Sorte bis in den November hinein. Das Sortenangebot ist reichlich und bietet weiße, rosafarbene, rote und gelbe Spielarten. Im Dezember stimmt die Schnee-Heide *(Erica carnea)* mit ihren Blütenglöckchen ein. Der Flor wird durch den Wintereinbruch unterbrochen, um ab Februar erneut zu starten - auch wenn dann noch Schnee liegt. Beide Heide-Gattungen sind immergrün und erreichen rund 30 cm Höhe. Achtung: Wenn Sie Pflanzen mit leuchtend gelben oder blauen Nadeln und quietschfarbenen Blüten kaufen, sind diese künstlich eingefärbt. Die Farben aus der Spraydose behindern aber die Atmung der Blätter und verkürzen die Lebenszeit der Heidekräuter. Bleiben Sie deshalb besser bei den natürlichen Farbtönen, die auch ohne künstliches Styling farbstark sind.

Mit Chinaschilf *(Miscanthus sinensis)* und Sandrohr *(Calamagrostis × acutiflora)* im Rücken zeigt die Herbst-Fetthenne *(Sedum telephium)* ihre Blüten.

Blau wie der Enzian blüht im Herbst sonst keiner. Und das nicht etwa in den Alpen, sondern in den Topfgärten des Flachlandes. Zu den Klassikern gehört der Chinesische Herbst-Enzian *(Gentiana sino-ornata)*, der ab September Blüten treibt und inzwischen zum Standardangebot der Gartencenter zählt. Doch Vorsicht: Enziane, die als Zierpflanzen in den Handel kommen, sind vielfach rasch bewurzelte Stecklinge, denen die Kraft und Abhärtung fehlt, den Winter im Topf zu überstehen. Wer Enziane dauerhaft als Schalengäste halten möchte, ist mit gut eingewurzelten Pflanzen aus der Staudengärtnerei besser beraten. Wichtig: Verwenden Sie zum Pflanzen kalkarme Erde, zum Beispiel Rhododendron-Substrate und wählen sie halbschattige, luftfeuchte Standorte.

»Herbstzauber« ist inzwischen nicht mehr nur ein stimmungsvoller Begriff, sondern der geschützte Name für eine ganze Kollektion von Topfpflanzen, die speziell für die Bepflanzung im Herbst auserlesen sind. Langlebige Stauden mit auffälligen Blättern und Blattfarben zählen zu den Säulen des **»Herbstzauber«-Sortiments**, allen voran buntlaubige Efeu-Sorten *(Hedera helix)* wie 'Glacier', 'Mini Ester' oder 'William Kennedy'. Gleich danach kommen Purpurglöckchen *(Heuchera micrantha)* mit violetten Blattfarben (z. B. 'Can Can', 'Amethyst Myst', 'Velvet Night', 'Purple Petticoats'), sowie diverse Sorten des Salbeis *(Salvia officinalis)*: Gold-Salbei ('Icterina'), Purpur-Salbei ('Purpurascens') und Bunt-Salbei ('Tricolor') mit ihrem Namen entsprechenden Laubfarben. Wie sie sehen auch die buntlaubigen Thymian-Sorten *(Thymus)* 'Argenteus' und 'Golden King' nicht nur unverschämt gut aus, sondern duften dazu auch noch aromatisch.

Mit grauen Blättern setzt das Heiligenkraut *(Santolina chamaecyparissus)* Akzente, mit türkisblauen Blättern die immergrüne Wolfsmilch 'Despina' *(Euphorbia*-Hybride). Ihre Schwester, die Sorte 'Efanthia', färbt ihr Laub umso röter, je kälter es wird. Wintergrüne Farne wie Hirschzungenfarn *(Phyllitis scolopendrium)* und Schildfarn 'Herrenhausen' *(Polystichum setiferum)* färben ihre Wedel meist erst ab Januar braun, sprießen aber im März schon wieder neu. Beide sind dankbare Dauergäste für Gefäße in schattigen, luftfeuchten Lagen.

Herbst-Chrysanthemen gehören zu den Stars auf dem Oktober-Spielplan. In den Nebenrollen: Heide und Zierkürbisse als Bühnendekoration.

Bunte Blätter statt Blüten ist auch die Devise unter vielen **winterfesten Topf-Sträuchern**. Nur eine einzige Art blüht im Oktober: die Herbstblühende Zaubernuss *(Hamamelis virginiana)*. Sie schmückt sich ab

September mit leuchtend gelben Herbstblättern. Sind diese vom Wind verweht, öffnen sich im Oktober die hellgelben Blütenbüschel. Doch auch ohne reiche Blütenpracht geht es im Herbstgarten nicht farblos zu - keine andere Jahreszeit ist so farbenprächtig! Der Grund sind die Blätter, die ihren grünen Blattfarbstoff abgeben. Dadurch gewinnen andere Farbtöne wie Gelb oder Rot die Oberhand.

Oben: **Irische Mahonien (Mahonia media 'Winter Sun') färben ihre immergrünen Blätter im Herbst feurig rot. Zum Schutz vor Dauerfrost ummantelt man die Töpfe im Winter mit strohgefüllter Folie.**

Mitte: **Die vielen Sorten des Fächer-Ahorns *(Acer palmatum)* laden zum Sammeln ein, denn von Purpurrot über Violett, Rosa und Orange bieten sie die kräftigsten Laubfarben im ganzen Topfgarten.**

Unten: **Rostige Eisenschalen und rostrote Heidekräuter sind das Sinnbild für einen sonnenverwöhnten Altweibersommer und das sanft-warme Licht milder Herbstabende.**

Zu den Arten mit **intensiver Gelbfärbung**, die dem Safran in Ihrem Gewürzregal Konkurrenz machen, zählen: Sommergrüne Azaleen *(Rhododendron*-Hybriden), Liebesperlenstrauch *(Callicarpa bodinieri)*, Katsurabaum *(Cercidiphyllum japonicum)*, Judasbaum *(Cercis siliquastrum)*, Scheinhasel *(Corylopsis pauciflora)*, Ginkgo *(Ginkgo biloba)*, Zaubernuss *(Hamamelis mollis)*, Ranunkelstrauch *(Kerria japonica)*, Sternmagnolie *(Magnolia stellata)*, Zieräpfel *(Malus*-Hybriden), Pfennigbuche (Nothofagus antarctica), und Zierkirschen *(Prunus serrulata, P. subhirtella)*. **Feuriges Rot** ist die Spezialität von Fächerahorn-Sorten wie 'Osakazuki', 'Bloodgood' oder 'Sangokaku' *(Acer palmatum)*. Das Pfaffenhütchen *(Euonymus alatus)* gesellt sich gern dazu und findet im Wilden Wein *(Parthenocissus quinquefolia, P. tricuspidata)*, der an Klettergerüsten und Hauswänden emporwächst, einen gleichwertigen Partner. Gleich eine ganze Mischpalette von **Gelb, Orange und Rot** präsentieren Felsenbirne *(Amelanchier ovalis)*, Federbusch *(Fothergilla gardenii)* und Amberbaum *(Liquidambar styraciflua)*, der als Kübelpflanze nicht ganz einfach zu halten, aber für Liebhaber eine echte Versuchung ist.

Gesehen, gepflückt, gegessen?

Es ist oft nicht einfach, sich zu entscheiden, ob man die **herbstlichen Früchte** lieber betrachten oder vernaschen soll, vor allem nicht bei den Zieräpfeln *(Malus*-Hybriden) und Zierquitten *(Chaenomeles*-Hybriden). Gekocht werden sie zu leckeren Gelees und Kompotten. Bei den Rosen im Topf beginnt der Zwiespalt schon früher: Soll man die welken Blüten abschneiden, um neue Knospen zu fördern, oder stehen lassen, damit sich Hagebutten bilden? Denn verarbeitet sind diese ein schmackhafter Brotaufstrich. Ohne weitere Zubereitung direkt vom Strauch naschen können Sie die Beeren von Felsenbirne *(Amelanchier ovalis)*, Ölweide *(Elaeagnus angustifolia)*, Scheinbeere

(Gaultheria procumbens) sowie Heidel- und Preiselbeere *(Vaccinium myrtillus, V. vitis-idaea)*, die alle prima in Töpfen gedeihen. Interessant: Scheinbeeren duften und schmecken wie Kaugummi. Heidel- und Preisbeeren brauchen saure Pflanzerde. Unter den Kletterpflanzen wartet die Klettergurke *(Akebia quinata)* mit hellvioletten Köstlichkeiten auf. Sie verträgt Kälte gut, aber in Töpfen keinen Dauerfrost und wird besser in Garagen oder Gartenhäuschen überwintert.

Links: **Das Lampenputzergras *(Pennisetum compressum)* wächst im Pflanzjahr nur zögerlich, dann aber zu dichten Horsten heran. Eine Binsenlilie *(Sisyrinchium angustifolium)* leistet ihm Gesellschaft.**

Rechts: **In Schalen gepflanzt, holt der Herbst-Enzian *(Gentiana sinoornata)* mit seinen tiefblauen Blüten ein Stück Alpenwiesen-Panorama herab ins Flachland. Zur Dekoration dient Birkenreisig.**

Unten: **Violetter Salbei *(Salvia* 'Purpurascens') und immergrüner Efeu *(Hedera helix)* schaffen den Rahmen für weiße Alpenveilchen *(Cyclamen)*, während einige vorwitzige Stiefmütterchen *(Viola)* einen Vorgeschmack auf ihren Frühlingsflor geben.**

Bei den Zierfrüchten

stellt sich ebenfalls die Wahl zwischen Staunen oder Schneiden. Lässt man die Schoten, Zapfen und Beeren hängen, oder erntet man sie zum Basteln oder für floristische Ideen zur Dekoration der Wohnung? Besonders hübsch und auffällig sind die bonbonrosa Beeren des Liebesperlenstrauchs *(Callicarpa bodinieri)* und die des Pfaffenhütchens *(Euonymus alatus)*, die ebenfalls pinkfarben, aber giftig sind. Die verschiedenen Sorten des Feuerdorns *(Pyracantha coccinea)* sind im Herbst über und über mit Beeren dekoriert, die bei 'Golden Charmer' und 'Orange Charmer' leuchtend orange, bei 'Soleil d'Or' goldgelb und bei 'Red Column' knallrot gefärbt sind. Blau bereift und sehr elegant zeigen sich die Beeren der immergrünen Mahonien *(Mahonia aquifolium, M. bealei)*. Immergrüne Partner finden sie in den Stechpalmen *(Ilex aquifolium)* mit ihren roten Fruchtkügelchen.

Kleinwüchsig, aber dicht an dicht mit pink-, rosafarbenen oder weißen Beeren besetzt sind die verschiedenen Spielarten der Torfmyrte *(Pernettya mucronata*, giftig!). Die Skimmien *(Skimmia japonica)* scheinen ab Oktober mehr aus roten Beerenbüscheln als aus Blättern und Zweigen zu bestehen. Und die Scheinkerrie *(Rhodotypos scandens)* macht ihre weißen Blüten, die wenig auffällig sind, im Herbst durch blaue Beeren wett. Auffällig lange und blaue Schoten präsentiert die gleichnamige Blauschote *(Decaisnea fargesii)*. Da diese sommergrünen Sträucher nicht sicher frostfest sind, verbringen sie die kalten Monate Januar und Februar besser im Haus. Eine Frucht nach der anderen liefern auch Blasenstrauch *(Colutea arborescens)* und Pimpernuss *(Staphylea colchica, S. pinnata)*, die mit rund 2 m Endhöhe gerade noch ins Topfformat passen. Getrocknet sind sie ein echter Bastelspaß für Ihre Kinder.

Herbstschmuck für Töpfe & Kübel (oben: Stauden, unten: Gehölze)

Alpenveilchen
Cyclamen-Hybriden

⬆ 10–30 cm ✳ 8–9 ◑–●

Als Waldbewohner fühlen sich die winterfesten Alpenveilchen im Schatten von Mauern und Baumkronen wohl. Decken Sie die Töpfe im Winter mit Fichtenreisig zum Schutz vor Kahlfrost und Dauernässe ab.

Herbst-Astern
Aster novi-belgii, A. novae-angliae

⬆ 80–140 cm ✳ 9–10 ○

Bis zur Blüte bleiben die langen Stängel mit den kleinen Blättern im Hintergrund. Hohe Sorten werden mit Stützstäben vor Windbruch geschützt. Ab September holt man die Töpfe zur Blüte nach vorne.

Herbst-Chrysanthemen
Dendranthema grandiflorum

⬆ 30–70 cm ✳ 9–10 ○

Damit sich wirklich alle der vielversprechenden Knospen öffnen, brauchen die langlebigen Stauden sonnige Plätze. Wenn Sie Welkes gelegentlich auszupfen, hält der Flor nahtund makellos bis zum Frost an.

Lampionblume
Physalis alkekengi var. *franchetii*

⬆ 12 cm ✳ 5–6 ○–◑

Im Gegensatz zu Kapstachelbeere und Tomatillo *(Physalis peruviana, P. ixocarpa)* enthalten diese Früchte keine essbaren Beeren. Dafür sind die europäischen Stauden frostfest und fruchten jedes Jahr wieder.

Herbst-Fetthenne
Sedum telephium

⬆ 30–50 cm ✳ 9–10 ○

Die dickfleischigen Blätter verraten schon, dass diese europäische Staude kaum Pflege braucht. Sie liebt vollsonnige, gerne heiße Plätze und verträgt Trockenheit problemlos. Nässeschutz im Winter ratsam.

Fächerahorn
Acer palmatum

⬆ 1,5–3 m ✳ – ○–◑

Kleine Töpfe verstärken den knorrigen, individuellen Wuchs der sommergrünen, schönblättrigen Sträucher (»Bonsai-Effekt«). Zu viel Sonne verbrennt das Laub. Wurzeln gegen Dauerfrost isolieren.

Besen- & Schneeheide
Calluna vulgaris & Erica carnea

⬆ 20–40 cm ✳ 12–4 ○

Einfach blühende grünblättrige Sorten der Besenheide sind besonders robust. Gefüllte blühen oft länger, verbraunen aber bei Frost. Die Schneeheide toleriert jede noch so strenge Kälte ohne Schutz.

Feuerdorn
Pyracantha-Hybriden

⬆ 1,5–2 m ✳ 5–6 ○–◑

Die bedornten immergrünen Sträucher sind ab September dicht an dicht mit Beeren besetzt. Sie können als Hecke, Busch, Bodendecker oder Kletterpflanze gezogen werden. Kein Winterschutz nötig.

⬆ = Höhe, ✳ = Blütezeit in Monaten, ○ = sonniger, ◑ = halbschattiger, ● = schattiger Standort

Der Winter setzt Ihrem Topfgarten die Schneekrone auf

Links: **Dieses Bild kennen Sie bereits von Seite 37. Sie werden zugeben: Schneebedeckt sind die diversen Ziergräser um nichts weniger attraktiv.**

Der Winteranfang kündigt nicht das Ende eines schönes Gartenjahres – sondern den Beginn eines neuen an. Solange die Temperaturen mild bleiben, zeigt die Schnee-Zierkirsche *(Prunus subhirtella* 'Autumnalis') im Dezember erste rosafarbene Blüten. Meist ab Mitte März folgt der Hauptflor. Auch einige Schneeball-Arten schicken ihre rosafarbenen Blüten schon im Dezember ins Rennen *(Viburnum × bodnantense, V. farreri)*. Pluspunkt: Sie duften herrlich. Mit selten mehr als 1,5 m Höhe behalten beide bestes Topfformat. Der Winter-Jasmin *(Jasminum nudiflorum)* ist der vierte im Bunde der ganz Frühen, die bereits zum Jahreswechsel blühen und im Februar nochmal nachlegen. Trotz seines vielversprechenden Namens duftet er nicht.

Eine dünne Haut haben winterfeste Topfgehölze nicht, dafür aber häufig eine bunte. Der Kuchenbaum *(Cercidiphyllum japonicum)* gibt den Blick auf seine kupferfarbene, schön strukturierte Rinde frei. Sein Name rührt von den Blättern her, die im Herbst nach Hefekuchen duften. Rote Zweige präsentieren zahlreiche Fächer-Ahorn-Sorten *(Acer palmatum)*, Perückensträucher *(Cotinus cogyggria)* und Tamarisken *(Tamarix parviflora)*. Echte Hingucker sind die mit breiten, glänzend roten Stacheln besetzten Triebe der Stacheldraht-Rose *(Rosa omeiensis* 'Pteracantha'), skurril durch ihre Dornen die Stämme von Aralie *(Aralia elata)* und Finger-Aralie *(Acanthopanax sieboldianus)*. Sie überwintern sicherheitshalber geschützt, aber gerade frostfrei.

Die geflügelten Zweige des Pfaffenhütchens *(Euonymus alatus)* sind mit breiten Korkleisten besetzt. Eine ganzjährig frischgrüne Haut behalten Ginster *(Cytisus)*, Erbsenstrauch *(Caragana arborescens)*, Goldregen *(Laburnum anagyroides)* und Ranunkelstrauch *(Kerria japonica)*.

Topfschönheiten im Winter (oben links: Gäser, oben und unten: Gehölze)

Pampasgras & Chinaschilf
Cortaderia Miscanthus

⬆ 1–2 m ✻ 9–10 ○

Auch wenn die Blütenähren und Halme im Winter verbraunen, bleiben sie bei Pampasgras *(C. selloana)* und Chinaschilf *(M. sinensis)* dekorativ. Isolieren Sie die Töpfe gegen Dauerfrost und -nässe.

Scheinzypresse
Chamaecyparis lawsoniana

⬆ 2–3 m ✻ – ○–◑

Damit Sorten mit bläulichen (z. B. 'Tharandtensis Caesia') oder gelben (z. B. 'Ellwood's Gold') Nadeln ihre Farbe behalten, darf die Erde im Winter nicht austrocknen. Gleiches gilt für Lebensbäume *(Thuja)*.

Hartriegel
Cornus alba, C. stolonifera

⬆ 1,5–2 m ✻ 5 ○–◑

Die jungen Zweige der Sorte 'Sibirica' sind leuchtend rot, bei 'Flaviramea' intensiv gelb gefärbt. Schneiden Sie jährlich einige der ältesten Triebe ganz heraus, damit laufend junge, farbenfrohe Äste nachwachsen.

Teppichmispel
Cotoneaster dammeri

⬆ 0,2–0,5 m ✻ 5 ○–◑

Als immergrüne Bodendecker im Garten wohl bekannt, kommen die genügsamen Sträucher als Topfpflanzen zu neuen Ehren. Ihre roten Früchte bleiben bis weit in den Winter hinein frisch.

Winterjasmin
Jasminum nudiflorum

⬆ 2–3 m ✻ 12/2–4 ○–◑

Die schmal beblätterten, biegsamen Triebe streben entweder an Kletterhilfen oder Mauern empor oder hängen elegant über letztere herab. Sie werden jährlich nach der Blüte kräftig zurückgeschnitten.

Zwergkiefer
Pinus mugo var. *pumilio*

⬆ 0,5–0,8 m ✻ Zapfen ○–◑

Ursprünglich an Gebirgshängen zu Hause, sind »Latschen«, wie sie auch genannt werden, genügsame, völlig winterharte immergrüne Kübelgäste, die sich toll als Mini-Weihnachtsbäume dekorieren lassen.

Schirmtanne
Sciadopitys verticillata

⬆ 1,5–2 m ✻ Zapfen ○–◑

Die bis zu 12 cm langen Nadeln, die in Quirlen um die Zweige angeordnet sind, brauchen saure Pflanzerde. Zu viel Kalk im Topf führt zu fahlgelben Nadeln (Chlorose). Bevorzugt kühle, lichtschattige Standorte.

Duft-Schneeball
Viburnum farreri

⬆ 1,5–2 m ✻ 12/2–3 ○–◑

Locker wachsender, sommergrüner Strauch mit rotbrauner Herbstfärbung. Blüten ab Februar, in milden Wintern auch früher. Bevorzugt leicht lehmige, nährstoffreiche Pflanzerde. Heiße Lagen meiden.

⬆ = Höhe, ✻ = Blütezeit in Monaten, ○ = sonniger, ◑ = halbschattiger, ● = schattiger Standort

Die Welt der Farben

Blaue Topfgärten – einfach himmlisch

Blauraute *(Perovskia)*, Rittersporn (Delphinium), Enzianstrauch *(Lycianthes)*, Prinzessinnenblume *(Tibouchina)*, Leberbalsam *(Ageratum)* und Hortensie *(Hydrangea)* präsentieren eine Rhapsodie der schönsten Blautöne.

Reine Geschmackssache sind Farben nicht nur in der Modewelt, sondern auch im Reich der Pflanzen. Während es der eine nach dem Motto »je bunter, umso toller« mag, setzt der andere auf klare Farbthemen oder stimmt wie ein Maler die Töne fein aufeinander ab. Je mehr Erfahrung Sie in der Gestaltung Ihres Topfgartens gewinnen, umso konkreter wird Ihre Farbauswahl. Töne, die Ihnen anfangs danebengeraten, weil Sie zum Beispiel ausgefallene Sorten probieren möchten, lassen Sie später weg. Bei dieser Selektion kommt mit den Jahren sehr häufig ein blauer Topfgarten heraus, denn Blau ist eine sehr edle, ja adelige kühle Farbe, die für Ruhe und Klarheit sorgt.

Von Azurblau bis Zwetschgenblau reicht die Farbpalette, von hellem Himmelblau bis dunklem Nachtblau, von Schattierungen, die ins Türkis gehen, bis hin zu solchen, die eher als Violett zu bezeichnen sind. Eine rein blaue Terrasse ist deshalb keineswegs monoton, sondern monochrom, also einer Farbe gewidmet. Die Kunst – und vor allem die Freude – besteht darin, unterschiedliche Variationen zusammenzutragen und Sets zu gruppieren, die zu jeder Jahreszeit blaublü(h)tig sind. Innerhalb der Arrangements sollten die Blütenformen von teller- bis trompetenförmig reichen und die Arten von der Zwiebelblume bis zum Strauch reichen. Wie man das schafft?

Schmucklilien *(Agapanthus)* sind mit ihren blauen Blütenkugeln ein Muss im »Blauen Garten«. Gießen und düngen Sie aber nur in Maßen. Sonst treiben die Stauden nur Blätter statt Blüten!

Das ganze Jahr blau machen – das würde man nur allzugerne. Im Topfgarten können Sie es, zumindest von März bis November. Hier sind die Highlights für jeden Monat:

März: Den Anfang machen kleine Zwiebelblumen wie Traubenhyazinthe *(Muscari neglectum, M. azureum)*, Blaustern *(Scilla siberica, S. bifolia)* und Schneeglanz *(Chionodoxa luciliae, C. sardensis, C. forbesii)*. Wie die blaublütigen Sorten der elegant-zierlichen Zwiebel-Iris *(Iris*-Xiphium-, -Latifolia-, -Hollandica-Hybriden) blühen sie schon, während noch der letzte Schnee schmilzt. Für sie sollten Sie jeweils eigene Gefäße reservieren oder ihre Zwiebeln als Unterpflanzung größerer Topfsträucher einsetzen. Gleiches gilt für die bekannten Garten-Krokusse *(Crocus*-Hybriden), deren Sorten eher violett sind, aber trotzdem nicht fehlen dürfen. Ebenfalls nur 20 cm hoch, aber enorm farbstark, gesellen sich Strahlen-Anemonen *(Anemone blanda)* wie 'Blue Shades' dazu. Noch kleiner, aber mit ihrem Duft umso gigantischer sind die Duft-Veilchen *(Viola odorata)*, zu denen Sie großblütigere Hornveilchen *(Viola cornuta)* setzen können.

April: Zu den winterfesten Mohngewächsen zählend, ist der Kaschmir-Lerchensporn *(Corydalis cashmeriana)* mit seinen azurblauen Blüten ein 20 cm hohes Kleinod für schöne Pflanzschalen. Ebensolche Schmuckstücke sind die violettblauen Blüten der winterharten Küchenschelle *(Pulsatilla vulgaris)*. Wer himmelblaue Vergissmeinnicht *(Myosotis)* mag, kann den zweijährigen Pflanzen langlebige Stauden zur Seite stellen: das 40 cm hohe Kaukasus-Vergissmeinnicht *(Brunnera macrophylla)* oder das 15 cm hohe Gedenkemein *(Omphalodes verna)*, die beide wie Teppiche in Töpfen wachsen. Bei den Polstern der Blaukissen *(Aubrieta*-Hybriden) ist der Name bei Sorten wie 'Blauer Schatz' oder 'Blaumeise' Programm.

Mai: Wunderschön, aber viel zu selten eingesetzt sind unter den winterfesten Zwiebelblumen die 30–50 cm hohen Prärielilien *(Camassia quamash)* und Spanischen Hasenglöckchen *(Hyacinthoides hispanica)*. Tipp: Die spät blühenden Traubenhyazinthen *(Muscari comosum, M. latifolium)* bilden ein tolles Pendant zu ihren Kollegen im Frühjahr.

Wie ein blauer Sommertag kommt Ihr Topfgarten in folgenden Monaten daher:

Juni: Unter den winterfesten Zwiebelblumen sind blau blühende Lauch-Arten *(Allium caeruleum, A. cyaneum, A. beesianum)* mit 20–50 cm noch immer viel zu seltene Topfgäste. Die 50 cm hohe Bergflockenblume *(Centaurea montana*

Oben: **Bunt und trotzdem voller Ruhe: Mit blau blühenden Pflanzen wie dem Enzianstrauch *(Lycianthes rantonettii)* bringen Sie Eleganz in Ihren Garten. Dazu harmonieren Blaumäulchen *(Torenia)* und Azur-Salbei *(Salvia azurea)*.**

Mitte: **Der zierlichen Drehfrucht *(Streptocarpus saxorum)* steht mit ihren samtweichen Blättern und den schmetterlingsgleichen Blüten in den nächsten Jahren eine große Karriere im Topfgarten bevor, denn sie blüht immer und ist pflegeleicht.**

Unten: **Zu blau blühender Duftnessel *(Agastache)* gesellen sich gern türkisfarbene Töpfe und schlichte Pflanzenformen wie zwei akkurat geschnittene Myrten- oder Liguster-Stämmchen *(Myrtus* bzw. *Ligustrum)*.**

'Grandiflora') zeigt als Staude himmelblaue Krallenblüten ab Juni. Zu ihr passt die 80 cm hohe Skabiose *(Scabiosa caucasica)* mit ihren gekrausten Blüten sehr gut. Unverzichtbar sind die vielfältigen blauen Sorten der 20–120 cm hohen orchideenschönen Bart-Iris *(Iris*-Barbata-Hybriden, Seite 63) und des Rittersporns *(Delphinium*, Seite 109). Ihnen gegenüber wahrhaft zierlich nimmt sich der zartblättrige himmelblaue, 30 cm hohe Südfranzösische Lein aus *(Linum narbonense)*, der ein Einzelgefäß braucht.

Juli: Was wäre ein Sommer ohne würzig duftende, blaue Stauden wie Lavendel *(Lavandula angustifolia*, Seite 109), Katzenminze *(Nepeta × faassenii)* oder Salbei *(Salvia nemorosa)*. Mit seinem ebenfalls grauen Laub passt der Silberblatt-Ehrenpreis *(Veronica spicata* subsp. *incana)* gut dazu. Reinblaue Glocken steuert die 50 cm hohe Ballonblume *(Platycodon grandiflorus)* bei, Büschel schöner Schalenblüten die 40 cm hohen Himmelsleitern *(Polemonium caeruleum)* und Dreimasterblumen *(Tradescantia*-Andersoniana-Hybride, 50 cm). Unter den frostempfindlichen Kübelpflanzen machen Enzianstrauch *(Lycianthes)*, Blauflügelchen *(Clerodendrum ugandense)* und Veilchenstrauch *(Iochroma cyaneum)* das Rennen. Bei den exotischen Kletterpflanzen kommen Sie nicht aus ohne Bleiwurz *(Plumbago auriculata)*, Himmelsblume *(Thunbergia grandiflora)* und Blauglöckchen *(Scllya heterophylla)*.

August: Ein ebenso ungewöhnlicher wie schöner Topfschmuck sind die bewehrten Blüten der 1 m hohen, winterfesten Kugeldisteln *(Echinops bannaticus)* und des Alpen-Mannstreus *(Eryngium alpinium)*. Unter den winterfesten Topf-Sträuchern zeigt die 1 m hohe Bartblume *(Caryopteris × clandonensis)* ihre blauen Blütenbüschel, die Blauraute *(Perovskia abrotanoides)* grazile Rispen.

Blaue Stunden im Herbst bescheren Ihnen kleine Herbst-Krokusse (z. B. *Crocus speciosus*, *C. banaticus*, *C. longiflorus)* und Herbst-Enziane *(Gentina sino-ornata)*, die mit ihrer Leuchtkraft selbst Großen wie dem 120 cm hohen Herbst-Eisenhut *(Aconitum carmichaelii)* die Show stehlen können. Ebenso hoch werden blaue Herbst-Astern *(Aster novae-angliae*, *Aster novi-belgii)* wie 'Barr's Blue' oder 'Blaue Nachhut'. Eine Besonderheit ist die winterfeste, 20 cm hohe Chinesische Bleiwurz *(Ceratostigma plumbaginoides)*.

Topfpflanzen in blauen Tönen (o: Sträucher/Kletterpflanzen, u: Kübelpflanzen/Stauden

Säckelblume
Ceanothus × delilianus

⬆ 1–1,5 m ✻ 7–9 ○

Die Sorte 'Gloire de Versailles' blüht reinblau. Die Zweige können im Winter stark zurückfrieren. Kein Problem: Die Blüten sitzen an den neuen Trieben. Alte kürzt man ohnehin im Frühling auf 20 cm ein.

Eibisch
Hibiscus syriacus

⬆ 1,5–2 m ✻ 7–8 ○

Im Gegensatz zu ihren tropischen Verwandten *(H. rosa-sinensis)* sind diese Sträucher zuverlässig winterfest. Die Sorte 'Oiseau Bleu', auch 'Blue Bird' genannt, trägt bis zu 10 cm große, blaue Blüten.

Waldrebe, Clematis
Clematis-Hybriden

⬆ 2–3 m ✻ 5–6 u. 8–9 ○–◑

Unter den Hunderten rankender Klematis-Sorten sind 'Daniel Deronda', 'H.F. Young', 'Lady Northcliffe', 'Königskind' und 'Maria Louise Jensen' blaublütig und gut für die dauerhafte Kübelkultur geeignet.

Blauregen, Glyzinie
Wisteria sinensis

⬆ -8 m ✻ 5–6 ○

Kaufen Sie am besten eine bereits blühende Pflanze. Sonst dauert es einige Jahre, bis die Schlinger, die man auch als Stämmchen ziehen kann, blühen. Weniger starkwüchsig ist *Wisteria formosa* 'Issai'.

Schmucklilie
Agapanthus-Hybriden

⬆ 0,3–1 m ✻ 5–7 ○

Je heller das gerade frostfreie Winterquartier ist, umso früher im Jahr setzt die Blüte ein, bei dunklem Stand oft erst im August. Stiele nach der 6-wöchigen Blüte abschneiden, um Samenreife zu verhindern.

Passionsblume
Passiflora caerulea

⬆ 2–5 m ✻ 5–9 ○

Diese Ranker bewachsen die ihnen angebotenen Kletterhilfen rasant. Bei sonnigem, warmem Stand erscheinen die bizarren Blüten den ganzen Sommer über in reicher Zahl. Erde stets leicht feucht halten.

Akelei
Aquilegia-Hybriden

⬆ 0,4–0,6 m ✻ 4–5 ◑

Sorten wie 'Blue Star' überzeugen nicht nur mit ihrer Farbe, sondern auch mit der ungewöhnlichen Form ihrer nach oben geklappten, gespornten Blüten. Rückschnitt nach dem Flor empfehlenswert.

Glockenblume
Campanula

⬆ 0,2–1 m ✻ 6–8 ○–◑

Neben den niedrigen Polsterglockenblumen *(C. carpatica, C. garganica, C. cochleariifolia, C. portenschlagiana, C. poscharskyana)* bereichern auch höhere Arten den Topfgarten *(C. lactiflora, C. latifolia)*.

⬆ = Höhe, ✻ = Blütezeit in Monaten, ○ = sonniger, ◑ = halbschattiger, ● = schattiger Standort

Weiße Topfgärten: rein, edel und vornehm

Weiße Bauern-Hortensien *(Hydrangea-Macrophylla*-Hybriden) lieben die feuchte Kühle an der Nordsee. Ihnen zu Füßen blühen Fleißige Lieschen *(Impatiens-Neuguinea*-Hybriden).

Eine blütenreine Weste haben all diejenigen, die ihren Topfgarten ganz in Weiß einrichten. Denn Weiß ist die Farbe der Wahrheit und Ehrlichkeit, der Vollkommenheit und Reinheit. Anders als weiße Möbel oder Wände wirken weißblütige Pflanzen dabei nie steril, schließlich haben sie noch das frische Grün ihrer Blätter. Weiße Blüten kommen in der Natur nicht signifikant häufiger vor als andere Farben, um Insekten zur Bestäubung anzulocken. Bei den Kulturpflanzen gibt es aber eine Fülle weißer Sorten. Der Grund: Sie entstehen häufiger als andere Töne, da hierfür nicht mehr nötig ist als das Fehlen von Farbstoffen. Und etwas wegzulassen ist viel einfacher als etwas Neues, etwa eine blaue Pfingstrose oder Rose zu züchten.

Bei Weiß weiß man, was man hat, nämlich etwas für schöne Sommerabende. Anders als blaue oder rote Blüten, die das Licht »verschlucken«, wird selbst der zarteste Lichtstrahl von weißen Blüten reflektiert. So sind sie abends länger sichtbar. Sie machen aber auch auf andere Weise auf sich aufmerksam: In keiner anderen Blütenfarbe gibt es so markant viele **Duftpflanzen** wie bei Weiß. Bei den exotischen Arten reicht die Liste von den kletternden Jasmin-Arten *(Jasminum)*, Chilenischem Jasmin *(Mandevilla laxa)* oder japanischem Sternjasmin *(Trachelospermum)* bis hin zu Sträuchern wie Myrte *(Myrtus communis)*, Duftblüte *(Osmanthus fragrans)*, Gardenie *(Gardenia augusta)*, Krepp-Gardenie *(Tabernaemontana divaricata)* und den diversen Zitruspflanzen *(Citrus)*. Unter den frostfesten Sträuchern erstreckt sich die Auswahl von Pfeifenstrauch *(Philadelphus*-Hybriden) über Federbusch *(Fothergilla gardenii)* und Sternmagnolie *(Magnolia stellata)* bis zu den verschiedenen Schneeball-Arten *(Viburnum carlesii, V.* × *burkwoodii)*.

Silberne Blätter und weiße Blüten – das ist so ziemlich das Edelste, was Sie im Topfgarten verwenden können. Ein metallenes Gefäß dazu, perfekt! Unter den winterfesten Stauden bietet sich die Lavendel-Sorte 'Alba' oder 'Nana Alba' *(Lavandula angustifolia)* an. In eine Wolke weißer Blüten hüllt sich das 80 cm hohe Rispen-Schleierkraut *(Gypsophila paniculata* 'Schneeflocke') mit seinen graugrün beblätterten, fein verzweigten Trieben. Griechische Silber-Garbe *(Achillea umbellata)* und Hornkraut *(Cerastium tomentosum)* bilden dichte Polster mit massenweise kleinen Blüten. Das Edelweiß *(Leontopodium alpinum, L. souliei)* ist kein einfacher Topfgartengast, aber seine filzig behaarten Blüten und die graugrünen, linealischen Blätter sind allemal einen Versuch wert. Verwenden Sie kalkreiche, ungedüngte Erde und vermeiden Sie winterliche Nässe. Kälte schadet nicht.

Der 15 cm hohe Woll-Ziest *(Stachys byzantina* 'Silver Carpet') blüht in der Regel nicht. Dafür sieht er mit seinen wollweiß überzogenen Blättern wie in ein silbernes Fell gehüllt aus – ein schöner Bodendecker, unter Margeritenstämmchen z. B., der viel Sonne und sandig-kiesige Erde braucht. Gleichermaßen ohne Blüten kommen Silber-Wermut 'Silver Queen' *(Artemisia ludoviciana)*, Zwerg-Silberraute 'Nana' *(Artemisia schmidtiana)* und Gabelblatt-Silberraute *(Artemisia stelleriana)* mit ihren fein geschlitzten, silbergrauen Blättern aus. Die Blüten sind cremefarben bis weiß, die Höhe liegt zwischen 20 und 60 cm. Eine schöne Ergänzung sind graulaubige Ziergräser wie die 20 cm kleinen Blau- oder Schaf-Schwingel *(Festuca cinerea, F. ovina* 'Blaufuchs'), der 80 cm hohe Strandhafer *(Leymus arenarius)* mit seinem etwas »zersausten«, aber stahlblauen Halmen oder der filigrane Blaustrahlhafer *(Helictrotrichon sempervirens)*.

Das weißeste Weiß preisen nicht nur Waschmittel in der Werbung an. Auch bei den Pflanzen gibt es feine Unterschiede. Durch einen Spritzer Gelb wirken weiße Blüten creme- oder porzellanfarben, andere rutschen etwas in Gräuliche ab, wieder andere ins Grünliche. Wirklich strahlend weiß blühen folgende Arten: Die Riege der Sträucher führt die Stern-Magnolie *(Magnolia stellata)* im März an, gefolgt von der Felsenbirne *(Amelanchier ovalis)* und der Weißen Rispen-Spiere 'Grefsheim' *(Spiraea × cinerea)* im April sowie dem 1 m hohen Maiblumenstrauch *(Deutzia gracilis)* im Mai. Unter den Waldreben *(Clematis)* gibt es eine Reihe prachtweißer Sorten, zu nennen sind vor allem 'Alabast', 'Peter Pan', 'John Huxtable' und 'Mme Le Coultre'.

Graulaubige Heiligenblume *(Santolina)*, Hundskamille *(Anthemis cretica)*, Thymian *(Thymus)*, weiße Schmucklilien *(Agapanthus)* und Beifuß *(Artemisia* 'Lambrook Silver') sorgen für Mittelmeer-Flair.

Oben: **Setzen Sie mit einer Reihe kleiner Petunien-Töpfe *(Petunia*-Hybriden) auf Klasse, statt auf Masse. Für zusätzlichen Charme sorgt das rostige Regal.**

Mitte: **Unterschiedlich lange Stücke alter Ton- oder Ofenrohre dienen als Pflanzgefäße oder Säulen für Nelken (Dianthus), deren weiße Blüten das grüne Laub wie Schneeflocken umtanzen.**

Unten: **Weiß gefüllte Tulpen *(Tulipa)* wie 'Mount Tacoma', edelweiße Stiefmütterchen *(Viola)* und Traubenhyazinthen der Sorte 'Album' *(Muscari botryoides)* – mehr brauchen Sie nicht, um die neue Gartensaison willkommen zu heißen.**

Für Schneeflocken das ganze Jahr

sorgen bei den winterfesten Zwiebelblumen zuerst die Schneeglöckchen *(Galanthus nivalis)* und Märzenbecher *(Leucojum vernum)*, dann weiße Narzissen- *(Narcissus)* und Tulpensorten *(Tulipa*-Hybriden), gefolgt von Maiglöckchen *(Convallaria majalis)* und Milchsternen *(Ornithogalum*-Arten). Die brusthohen Kap-Hyazinthen *(Galtonia candicans)* blühen ab Juli, ebenso die stattlichen Steppenkerzen *(Eremurus robustus)*. Der Sommer gehört den weißen Lilien wie Madonnenlilie *(Lilium candidum)*, Königs-Lilie *(Lilium regale)* und Paradies-Lilie *(Paradisea liliastrum)*.

Eine Eheschließung ganz in Weiß

gehen Sie mit langlebigen Stauden ein, die Ihren Garten jahrzehntelang jährlich wieder schmücken. Weiße Blüten präsentieren die Schneerosen *(Helleborus niger)* schon ab Januar. Lassen Sie keinen Frühling ohne die weißen Blütentropfen des Tränenden Herzes *(Dicentra spectabilis)* 'Alba' verstreichen. Den Sommer verschönern Feinstrahl-Sorten wie 'Sommerneuschnee' *(Erigeron*-Hybride), Schönastern *(Kalimeris incisa)* und Sommer-Margeriten wie 'Beethoven', sowie die flache Teppich-Kamille *(Tripleurospermum caucasicum)* mit ihren Blütenrädern samt gelber Mitte.

Weiße Japan-Anemonen wie 'Honorine Jobert' *(Anemone*-Japonica-Hybride) setzen ab August mit dem Flor ein, ebenso die schlanken Kerzen des 120 cm hohen Kandelaber-Ehrenpreises *(Veronicastrum virginicum)*. Beide blühen bis in den Herbst hinein, wo sie prächtige Partner für weiße Alpenveilchen (z. B. *Cyclamen hederifolium* 'Album') und polsterförmige Grönland-Margeriten *(Arctanthemum arcticum)* sind, die ab September blühen. Eine Pracht ist zur gleichen Zeit das mannshohe Pampasgras 'Sunningdale Silver' *(Cortaderia selloana)* mit seinen weißen Ähren, das im Topf besser frostfrei überwintert.

Weiße Klassiker

unter den frostempfindlichen Kübelpflanzen sind der Mittelmeer-Schneeball *(Viburnum tinus)* mit seinem Februarflor, den er gemeinsam mit weißen Kameliensorten *(Camellia japonica)* wie 'Alba Simplex', 'Coronation', 'Margaret Davis', 'Nuccio's Gem', 'Snow Chan' oder 'White Nun' zeigt. Den Sommer bestimmen weiße Bougainvilléen *(Bougainvillea)* und Oleandersorten *(Nerium oleander)* wie 'Soeur Agnès'.

Topfpflanzen in Weiß (oben: Stauden; unten: Gehölze und Kübelpflanzen)

Astilbe
Astilbe

⬆ 0,4–1 m ✻ ab 6 ◑

Weiße Sorten mit 60 bis 70 cm Höhe sind ‘Brautschleier’ und ‘Weiße Gloria’ *(A. × arendsii)*. ‘Deutschland’ *(A. japonica)* erreicht 40 cm, ebenso ‘Praecox Alba’ *(A. simplicifolia)*. Erde stets feucht halten.

Silberkerze
Cimicifuga racemosa, C. ramosa

⬆ 0,8–1 m ✻ 8–9, 9–10 ◑

Die schlanken Blütenkerzen ragen bis zu 2 m in den Himmel, bei der Lanzen-Silberkerze *(C. racemosa)* ab August, bei der September-Silberkerze *(C. ramosa)* einen Monat später. Nicht sonnig stellen.

Prachtkerze
Gaura linheimeri

⬆ 0,6–0,8 m ✻ 7–10 ○

Mit ihren schmetterlingsgleichen Blüten steht dieser noch wenig verbreiteten, hitzeverträglichen und pflegeleichten Staude eine steile Karriere bevor. Stellen Sie die Töpfe im Winter nässegeschützt.

Gelenkblume
Physostegia virginiana

⬆ 0,6–0,8 m ✻ 7–9 ○–◑

Ständig feuchte Erde garantiert, dass die ursprünglichen Wiesen- und Uferbewohner aus Nordamerika jährlich reich blühen. Im Topf ist die Bildung von Ausläufern ein Vorteil, da sie umso buschiger wachsen.

Immergrüne Magnolie
Magnolia grandiflora

⬆ 2–5 m ✻ 7–8 ◑

Mit ihren dicken, glänzenden Blättern erinnern diese kegelkronigen Bäume zunächst an Gummibäume. Ihre Blüten aber sind bis zu 20 cm groß und duften herrlich. Kronen im Winter vor Sonne schützen.

Margeritenbäumchen
Argyranthemum frutescens

⬆ 0,5–1 m ✻ 6–9 ○

Damit die hübschen Spiegelei-Blüten den ganzen Sommer sprießen, sollten Sie die Zweige mehrfach stutzen. Erde gleichmäßig leicht feucht halten. Überwinterung schwierig: sehr hoher Lichtanspruch.

Orangenblume
Choisya ternata

⬆ 0,5–1,5 m ✻ 5–6, 8 ◑

Die Blüten sehen nicht nur so aus wie Orangenblüten, sondern duften auch wie sie. Die Immergrünen können im Garten ausgepflanzt werden, in Töpfen aber überwintern sie besser im Haus.

Sternjasmin
Trachelospermum jasminoides

⬆ 1,5–3m ✻ 5–7 ○–◑

Für eine Kletterpflanze recht langsam wachsend, duften die Blüten dieser asiatischen Immergrünen wie Jasmin, nur weniger intensiv. Im Weinbauklima ausgepflanzt winterhart, stellt man Topfgäste frostfrei.

⬆ = Höhe, ✻ = Blütezeit in Monaten, ○ = sonniger, ◑ = halbschattiger, ● = schattiger Standort

Rote Topfgärten: leidenschaftlich und temperamentvoll

Klassiker in Rot sind Geranien *(Pelargonium)*, Zinnien *(Zinnia elegans)* und rote Kletterrosen wie 'Parkdirektor Riggers' oder 'Sympathie'.

Nichts für schwache Nerven sind Gärten, die sich der Farbe Rot verschrieben haben. Denn sie erfordern eine gute Portion Mut und Selbstbewusstsein, um die auffälligste und lauteste aller Farben zu wählen, die ein Symbol für Macht, Luxus, Gefahr, Feuer und starke Gefühle von Liebe bis Hass ist. Obwohl längst nicht jedes Rot gellend und aufdringlich ist. Das mag für Zinnoberrot, Pink oder Erdbeerrot gelten. Dunklere Rottöne wie Bordeaux, Rostrot oder Rubinrot dagegen sind durchaus edel und elegant. So findet der, der es poppig-auffällig mag, im roten Spektrum ebenso das Richtige wie der Gesetztere.

Verführerisch ist die Vielfalt an rot blühenden Pflanzen. Begleiten Sie uns wieder auf unserer Reise durch die Monate:

April: Könnte der Auftakt eines neuen Gartenjahres schöner sein als mit roten Tulpen *(Tulipa*-Hybriden)? Unter den Sträuchern wagt sich die Scheinquitte *(Chaenomeles*-Hybriden) als eine der ersten auf das rote Blütenparkett. Sie werden rund 1,2 m hoch, ebenso breit und tragen im Herbst essbare, quittenähnliche Früchte. Keine Diva, aber ein blütenreicher Begleiter ist die 1,5 m hohe, dunkelrote Blut-Johannisbeere *(Ribes sanguineum)*.

Mai: Als Stämmchen gezogen, ist der Rotdorn 'Paul's Scarlet' *(Crataegus laevigata)* nicht nur ein kompakter Alleebaum, sondern eine reich- und rotblühende, frostharte Kübelpflanze, die man nach der Blüte schneidet. Unter den Fliederbüschen zu den kleinsten zählend, blüht der 150 cm hohe Herbst-Flieder *(Syringa microphylla* 'Superba') entgegen seinem Namen schon ab Mai, der Zwerg-Duftflieder *(Syringa meyeri* 'Palibin') ab Juni. Beide duften intensiv und schwanken in der Blütenfarbe je nach Stadium zwischen Purpur, Violett und Rosa.

Oben: **Ein tropisch-üppiges Ambiente erzielen Sie mit Bananen, roten Passionsblumen *(Passiflora vitifolia)* und Zigarettenblümchen *(Cuphea* 'Tiny Mice').**

Rechts: **Der Wunderbaum *(Rizinus communis)* mit roten Puschelblüten und dem purpurroten, dekorativen Laub, unterpflanzt mit Zinnien *(Zinnia elegans)*, macht jedem Kübel leuchtende Ehre.**

Juni: Ins Orangefarbene geht der Blütenton der Nelkenwurz 'Borisii' *(Geum coccineum)* und verwandter Arten wie *Geum* × *heldreichii* 'Georgenberg' mit 20–30 cm Höhe. Das Purpurglöckchen 'Red Sprangles' *(Heuchera*-Hybride) hört bis Ende Juli nicht auf, seine scharlachroten, 50 cm hohen Blütenrispen im Wind wogen zu lassen. Die Brennende Liebe *(Lychnis chalcedonica)* entflammt mit ihren scharlachroten Dolden auf 1 m langen Stielen so manches Topfgärtner-Herz. Nach der Blüte schneidet man sie kräftig zurück. Wer für flache Schalen einen unkomplizierten Bodendecker sucht, der lange blüht, nimmt den Schecken-Knöterich *(Polygonum affine)*, dessen Blüten von Purpurrot bis Rosa variieren. Ein Kleinod ist die Orchideen-Primel *(Primula vialii)*, deren Blütenknospen tiefrot, die geöffneten Blüten rosa sind. Wer einen rotblühenden, frostfesten Kübelstrauch sucht, der obendrein immergrün ist, hat nur eine, aber sehr gute Wahl: die Lorbeerrose 'Rubra' *(Kalmia angustifolia)*. Fast zu schön, um frostfest zu sein, ist die im Topf kaum mehr als 2 m hoch werdende Purpur-Magnolie *(Magnolia liliiflora* 'Nigra'), deren bis zu 10 cm hohe Blüten außen dunkel-, innen hellpurpur prangen. Schützen Sie die Knospen vor Spätfrösten. Absolute Dauerblüher sind der Fingerstrauch 'Red Ace' *(Potentilla fruticosa)* mit rund 60 cm Höhe und die Rote Sommer-Spiere *(Spiraea* × *bumalda* 'Anthony Waterer') mit rund 1 m.

Juli: Wie große Landeflächen laden die samtroten Blütenteller der staudigen Roten Schafgarbe *(Achillea millefolium* 'Sammetriese') Insekten ein. Dicht an dicht stehen die pinkfarbenen Blüten der Heide-Nelke 'Brilliant' *(Dianthus deltoides)* beisammen und bilden unermüdlich kleine Blütenpolster, auch wenn es heiß und trocken ist. Kupferrot und leuchtend ist die Sonnenbraut 'Moerheim Beauty' *(Helenium*-Hybride) wochenlang eine Wucht. Der Blut-Weiderich *(Lythrum salicaria)* ist mit 1 m hohen, himbeerroten Blütenkerzen ein starkwüchsiger Topfgast, der sein eigenes, immerfeuchtes Gefäß braucht.

Unter den topftauglichen Gartensträuchern sollten Sie es mit dem Schmetterlingsstrauch 'Nanho Purple' *(Buddleja davidii)* probieren, der kompakt wächst, violettrot blüht und Schmetterlinge in Scharen anlockt. Da nur die neuen Triebe blühen, schneidet man ihn jährlich im Frühjahr stark zurück. Die Blüten des rund 150 cm hohen Gewürzstrauchs *(Calycanthus floridus)* sind nicht nur ungewöhnlich fest und dunkelrot, sondern duften überdies nach Nelken. Unter den Kletterpflanzen sorgen die Trompetenblumen *(Campsis radicans)* für rotorange Sommerblüten, die Waldrebensorten *(Clematis)* 'Piilu' und 'Rüütel' für samtrote, 'Ville de Lyon' für hellrote Töne.

Aus der Reihe der exotischen Kübelpflanzen bewerben sich nicht nur Klassiker wie Hibiskus *(Hibiscus rosa-sinensis)*, Oleander *(Nerium oleander)* oder Bougainvilleen *(Bougainvillea*-Hybriden) um einen Stammplatz. Schönheiten aus aller Welt wie australische Zylinderput-

Oben: **Zinnien (*Zinnia*-Hybriden) sind wahre Blühwunder, es gibt sie in vielen warmen Rottönen.**

Mitte: **Geranien (*Pelargonium*) sind nicht nur für Balkonkästen gemacht. Als Säulen erzogen, deren Gestell unter den blühenden Trieben verschwindet, werden sie zum Willkommensgruß an der Tür.**

Unten: **Rot und Rot gesellt sich gern – hier als sommerlicher Farbfleck in Form rotblütiger Dahlien und Geranien sowie rotlaubiger Lobelien (*Lobelia cardinalis*).**

zer *(Callistemon citrinus)*, neuseeländische Eisenholzbäume *(Metrosideros excelsa)* und brasilianische Puderquastensträucher *(Calliandra tweedii)* warten mit leuchtend roten Pinselblüten auf.

Die Zwiebelblumen entsenden Indisches Blumenrohr (*Canna*-Indica-Hybriden) und Gladiolen (*Gladilus*-Hybriden) in roten Sorten für den Sommerauftritt, ebenso rote Formen der Asiatischen Lilie (*Lilium*-Hybriden) und Montbretie *(Crocosmia × crocosmiiflora)*, die zwar im Garten ausgepflanzt winterfest sind, in Töpfen aber im Haus einwintern.

August: Wer eine absonnige Lücke im Garten zu füllen hat, wird sich über rote Japan-Astilben wie 'Red Sentinel' (*Astilbe*-Japonica-Hybriden) mit 50 cm Höhe freuen, denn sie blühen auch in Gefäßen lange und reich. Für die volle Sonne ist die Indianernessel (*Monarda*-Hybriden) gemacht, die mit 'Präriebrand', 'Cambridge Scarlet' oder 'Prärienacht' leuchtende Rottöne anbietet. Bei den

Hohen Flammenblumen (*Phlox*-Paniculata-Hybriden) haben Sie die Wahl zwischen roten Sorten wie 'Aida' und einer Fülle rosafarbener bis weißer, alle um 1 m hoch.

Ein feuriges Finale

im herbstlichen Topfgarten garantieren Ihnen Raublatt- und Glattblatt-Astern *(Aster novae-angliae, A. novi-belgii)* in Sorten wie 'Alma Pötschke', 'Rubinschatz' oder 'Karminkuppel'. Unverzichtbar sind die rostroten Blütenschirme der 50 cm hohen Herbst-Fetthennen *(Sedum telphium)* und Dahlien (*Dahlia*-Hybriden) in roten Spielarten.

Rot belaubt

statt rot blühend ist die zweite Alternative, wie man sich als Pflanze einen Stammplatz im Topfgarten sichert. An erster Stelle stehen hier rotlaubige Fächer-Ahorne *(Acer palmatum)*. Mit der Schere in Form gehalten, ist der Perückenstrauch 'Royal Purple' *(Cotinus coggygria)* ein frostfester, tiefroter Kübelgast. Mit maximal 2 m Höhe sorgt die Zwerg-Blut-Pflaume *(Prunus cistena)* für schwarzrotes Laub, mit maximal 1 m Höhe ebenso die Rotblättrige Florida-Weigelie *(Weigela florida* 'Foliis Purpureis'). Unter den Exoten tragen Keulenlilien *(Cordyline australis* 'Atropur- purea'), Neuseeländer Flachs *(Phormium tenax* 'Atropurpureum) und die Zier-Banane 'Maurelii' *(Ensete ventricosum)* Rot.

Topfpflanzen in Rottönen (oben: Stauden; unten: Kübelpflanzen)

Spornblume
Centranthus ruber

⬆ 0,5–0,7 m ✻ 6–8 ○

Als Pflanzen des Mittelmeerraums sind diese frostfesten Stauden Sonne und Trockenheit gewohnt und blühen in heißen Sommern bestens. Verwenden Sie steinige, gut durchlässige Pflanzerde.

Pfingstrosen
Paeonia-Lactiflora-Hybriden

⬆ 0,6–1m ✻ 5–6 ○

Für diese Traditionsstauden braucht man etwas Geduld. Sie müssen einwachsen, bevor sie ihren vollen Flor präsentieren – dann aber Jahrzehnte lang. Sie sollten daher so selten wie möglich umgetopft werden.

Türkischer Mohn
Papaver orientale

⬆ 0,6–1 m ✻ 5–6 ○

Mit Blüten, die doppelt bis dreifach so groß sind wie die des heimischen Klatschmohns ziehen diese Züchtungen die Blicke auf sich. Nach der Blüte welken die graugrünen Blätter und sprießen erst ab April neu.

Bartfaden
Penstemon barbatus

⬆ 0,6–0,8 m ✻ 7–9 ○

Mit fingerhutartigen, aber ungiftigen Blüten setzt diese Staude in Beeten, Töpfen und Vasen gleichermaßen Akzente. Da ihre Wurzeln im Topf nasskaltes Winterwetter nicht mögen, überwintern sie im Haus.

Geranie
Pelargonium-Hybriden

⬆ 0,3–1,2 m ✻ 5–9 ○

Ihr andauernder Blütenreichtum und ihre Sortenvielfalt machen Geranien zur Nummer eins unter den Topfgartenpflanzen. Hell und kühl überwintert, können sie zu kräftigen Büschen heranwachsen.

Zylinderputzer
Callistemon citrinus

⬆ 1,5–2 m ✻ 5/8/11 ○

An vollsonnigen Plätzen blühen diese immergrünen, festlaubigen, dicht wachsenden Sträucher im Mai und August. An einem lichtreichen Überwinterungsplatz unter 10 °C gelingt sogar eine 3. Blüte pro Jahr.

Korallenstrauch
Erythrina crista-galli

⬆ 1–2 m ✻ 7–8 ○

Diese südamerikanischen, zunächst strauchigen Bäume trocknen jedes Jahr bis auf den Stamm zurück, der einem knorrigen Weinstock gleicht. Ein dunkler Platz im Haus unter 10 °C genügt zum Einwintern.

Zier-Granatapfel
Punica granatum 'Nana'

⬆ 0,5–1 m ✻ 6–7 ○

An sonnigen Plätzen schmücken sich die sommergrünen Sträucher mit einer Vielzahl langer Blütenglocken, die sich in kleine, glänzend rote Früchte verwandeln. Dunkle Überwinterung möglich (frostfrei).

⬆ = Höhe, ✻ = Blütezeit in Monaten, ○ = sonniger, ◑ = halbschattiger, ● = schattiger Standort

Gelbe Topfgärten: fröhlich und immer guter Laune

Oben: **Taglilien-Blüten *(Hemerocallis*-Hybriden) öffnen sich zwar für je nur einen Tag, aber es sprießen im Juli und August so viele Knospen nach, dass Ihnen keine Unterbrechung auffallen wird.**

Rechts: **Eitel Sonnenschein herrscht mit Wiesenraute *(Thalictrum)* und Kreuzkraut *(Ligularia)*. Stützstäbe aus Weidenruten, Eisen oder Holz geben den Stielen Halt. Einfach wildwiesenhaft.**

Wie tausend Sonnen sorgen gelbe Blüten auch dann für einen schönen Sommer, wenn er nordisch kühl und verregnet ist. Denn die Farbe Gelb versprüht Optimismus, Lebensfreude und Spaß. Von ihr ist es nicht weit zum »Gold«, und so haben kräftige Gelbtöne etwas Wertvolles. Den Startschuss bei den Zwiebelblumen geben die Winterlinge *(Eranthis hyemalis)* und Gelbsterne *(Gagea*-Arten), unterstützt von gelben Krokussen, Narzissen und Tulpen sowie der Trauerglocke *(Uvularia grandiflora)*. Bei den Stauden machen das nach Honig duftende polsterförmige Felsen-Steinkraut (*Alyssum saxatile,* 20 cm) und die Gemswurz *(Doronicum orientale,* 30 cm) im April den Anfang. Es folgen Ochsenauge *(Buphtalmum salicifolium)* und Zwerg-Alant *(Inula ensifolia)* mit 30–50 cm im Juli und die 60 cm hohen Mädchenaugen *(Coreopsis)* im August. Wahre Meister der sonnigen Farben sind die verschiedenen Vertreter der »Sonnenblumen« (siehe Seite 64).

Lichtgestalten sind hellgelbe Blüten, denn ihre Farbe verbindet man mit Helligkeit. Dazu passende kerzenförmige Blüten haben die Junkerlilien (Asphodeline lutea) mit 80 cm Höhe, und die sprühende Wunderkerzenblüten des 20 cm kleinen Gelben Zierlauchs *(Allium moly),* die beide zu den winterfesten Zwiebelblumen zählen. Lichtgelb blühen bei den Stauden das viel zu selten verwendete, 20 cm hohe Goldkörbchen *(Chrysogonum virginianum),* das Goldtröpfchen *(Chiastophyllum oppositifolium)* mit seinen hängenden Blütentrauben und der Zwerg-Goldflachs *(Linum flavum),* der magere Erde braucht. Glänzende Auftritte haben die 15 cm kleinen Frühlings-Ado-

nisröschen *(Adonis vernalis)* im März, das Fingerkraut *(Potentilla megalantha)* im Juni und die Missouri-Nachtkerze *(Oenothera macrocarpa)* im August.

Gehölze mit gelben Blüten gibt es im Topfgarten nicht viele. Den März machen Scheinhasel *(Corylopsis pauciflora)*, Schmuck-Mahonie *(Mahonia bealei)*, die einen Winterschutz braucht, und kleinwüchsige Goldglöckchensorten wie 'Goldzauber' oder 'Minigold' *(Forsythia intermedia)* unter sich aus. Im April setzen Besen- und Schmuck-Ginster *(Cytisus scoparius, C. × praecox)* zur fulminanten Blüte an, im Mai die Ranunkelsträucher *(Kerria japonica)*, die man jedes Jahr kräftig zurückschneidet. Den Sommer belegen die Fingersträucher *(Potentilla fruticosa)* in ihren goldgelben Sorten sowie der Blasenstrauch *(Colutea arborescens)*. Den Herbst beherrscht die Herbstblühende Zaubernuss *(Hamamelis virginiana)*, den Winter der Winter-Jasmin *(Jasminum nudiflorum)*. Unter den Kletterpflanzen warten die Geißblätter mit rein gelben Sommerblüten *(Lonicera × tellmanniana)* oder in Kombination mit Weiß oder Rot auf *(L. henryi, L. periclymenum, L. caprifolium)*.

Kanariengelb tragen bei den frostempfindlichen Sträuchern Flanellstrauch *(Fremontodendron californicum)*, Emustrauch *(Eremophila maculata)* und Gewürzrinde *(Senna-*Arten), die alle mannshoch werden können. Auch die Sortenvielfalt von Hibiskus *(Hibiskus rosa-sinensis)*, Schönmalve *(Abutilon-*Hybriden) und Engelstrompeten *(Brugmansia)* hat viele gelbe Varianten zu bieten, ebenso Oleander *(Nerium oleander)* und Bougainvilléen als Multitalente in allen Farben. Der gelbe Flor von Tropischem Oleander *(Thevetia peruviana)* und Vogelaugenbusch *(Ochna serrulata)* duftet überdies betörend.

Topfpflanzen in gelben Tönen (Stauden)

Goldgarbe
Achillea filipendulina

⬆ 0,7–1,2 m ✻ 6–9 ○

Obwohl die Blütenstiele hüfthoch werden, sind sie bei Wind und Wetter standfest. Wärme tut den kleinen Sonnenschirmen wohl, Nässe nicht. Gießen Sie in Maßen und verwenden Sie gut durchlässige Erde.

Mädchenauge
Coreopsis lanceolata

⬆ 0,3 m ✻ 6–8 ○

Wenn Sie die Topferde im Sommer nicht austrocknen lassen, ist Ihnen ein wochenlanger Flor sicher, der sich auch als haltbarer Vasenschmuck eignet. Düngen Sie von März bis August monatlich.

Wüstengoldaster
Eriophyllum lanatum

⬆ 0,2 m ✻ 6–8 ○

Hitze und Trockenheit schaden diesen pflegeleichten Sonnenkindern nicht, nur zu viel Nässe – im Sommer wie im Winter. Die Blätter sind elegant graugrün, der Wuchs polsterförmig bis buschig.

Goldfelberich
Lysimachia punctata

⬆ 0,6–0,8 m ✻ 6–8 ○–◑

Während sich die wüchsigen Stauden im Garten allzu gerne ausbreiten, wachsen sie in Töpfen zu dichten, kompakten Horsten heran, die bei stets feuchter Erde wochenlang blühen. Tipp: Im März teilen.

⬆ = Höhe, ✻ = Blütezeit in Monaten, ○ = sonniger, ◑ = halbschattiger, ● = schattiger Standort

Sonnen- & Schattenseiten

Pflegeleichtes für heiße Lagen

Hitzige Debatten sind schon viele darüber geführt worden, welche Pflanzen volle Sonne vertragen. Der Disput beginnt meist dort, wo die differenzierte Betrachtung aufhört, denn **»sonnig«** ist nicht gleich **»heiß«** und »Südlagen« sind nicht gleich »trocken«, auch wenn die Zusammenhänge oft evident sind. Wo Licht ist, fühlt sich zunächst jede Pflanze wohl, denn Licht ist ihr Lebenselixier.

Kritisch wird es erst, wenn die Sonne so intensiv strahlt, dass die UV-Werte sehr hoch sind und zu einer starken Erwärmung führen. Sind die Wurzeln überhitzt, arbeiten sie nicht mehr richtig. Gleiches gilt für die Blätter, die bei Hitze den Energieaufbau (Photosynthese) stoppen und unter starker Strahlung Zellschäden davontragen können. Diese sind vergleichbar mit einem Sonnenbrand auf der Haut und äußern sich in braunen, unregelmäßigen Blattflecken. Abhilfe schafft in solchen Fällen eine Schattierung mit Sonnenschirmen, Markisen oder Schatten spendenden Nachbarpflanzen.

Kakteen sind gegen Hitze und Feuchtigkeitsverlust bestens gewappnet. Doch auch sie brauchen im Sommer jede Woche Wasser.

Abkühlung für Hitzköpfe bringt ein steter Luftzug. Stehen Ihre Topfpflanzen in einem Innenhof, in dem sich die erhitzte Luft staut, geraten sie in Stress. Gleiches passiert vor einer unbeschatteten Hauswand im Süden, die die Wärmestrahlen zurückwirft und die Pflanzen von hinten wie vorne »im Schwitzkasten« hält. Achten Sie deshalb besonders an ganztags sonnenbeschienen Plätzen darauf, dass die Pflanzen nicht zu eng stehen und keine Einrichtungsgegenstände wie Holzwände oder Klettergerüste mögliche Luftschneisen verstellen. Gut ist auch die Nähe von Wasser, denn verdunstendes Wasser kühlt die Umgebungsluft. Selbst Mini-Teiche können ein für benachbarte Pflanzen deutlich kühleres Klima schaffen.

Die Palmlilie *(Yucca filamentosa)* ist trotz ihrer Abstammung aus den Wüstengebieten der USA zuverlässig frostfest. Ihre weißen Blütenglocken lässt sie alljährlich im Hochsommer erklingen, denn sie stirbt nicht wie Agaven nach der Blüte ab.

Schlechte Standorte

gibt es nicht, nur falsche Pflanzen dafür! Selbst wenn sie für Durchzug, Wasserkühlung und Schattierung sorgen, verlieren weichblättrige Pflanzen an dauersonnigen Plätzen pro Tag so viel Wasser, dass man es kaum nachliefern kann. Es sei denn, Sie sind ganztägig zu Hause und können alle paar Stunden für Wassernachschub sorgen. Berufstätige sind dagegen auf Pflanzen angewiesen, die auch bei Hitze mit einer Wassergabe pro Tag auskommen. Oleander *(Nerium oleander)* mit ihren festen Blättern schaffen das mit einem Vorrat im Untersetzer gerade so, Engelstrompeten *(Brugmansia)* oder Schönmalven *(Abutilon)* nicht. Sie brauchen einen Platz, der nur morgens und abends volle Sonne bekommt und auf keinen Fall der prallen Mittagshitze ausgesetzt ist.

Kaktus & Co.

dagegen sind bestens an Sonne »non-stop« angepasst: Sie verzichten von vornherein auf Blätter und schützen ihre Köper mit einer dicken Haut und einem Stachelpanzer nicht nur vor Fressfeinden, sondern vor allem vor der Sonne, denn die kleinen Stacheln werfen Schatten und halten feuchte Luftpolster fest. Doch Kakteen aus Amerika und Wolfsmilchgewächse aus Afrika sind längst nicht die einzigen Pflanzenfamilien, die gegen Hitze gewappnet sind. Auch Agaven-, Aloe- und Echeverien-Arten *(Agave, Aloe, Echeveria)* sind wahre Dickhäuter, die nicht überhitzen und keine Spur Wasser zu viel abgeben.

Gleiches gilt für Palmen (aus Erdregionen mit mediterranem Klima wie Zwerg-, Dattel,- oder Petticoat-Palme *(Chamaerops, Phoenix, Washingtonia)*. Sie sind festblättrig und auf Durststrecken eingestellt, während derer sie jedoch nicht weiterwachsen. Deshalb versorgt man sie hierzulande trotz ihrer Hungerkünste regelmäßig, um einen guten Zuwachs zu erreichen. Und es gibt noch mehr: Die in Neuseeland und Australien beheimateten Keulenlilien *(Cordyline)* sowie die Palmlilien *(Yucca)*, die in Mexiko und dem Süden der USA zu Hause sind, zählen zu den Agavengewächsen und sind auch in der Haltung ebenso genügsam und robust. Besonders elegant ist die Art *Yucca rostrata* mit ihren stahlgrauen Blättern, die sich zu schönen Halbkugeln auf geraden Stämmen formieren.

Agaven *(Agave americana* 'Marginata'), roter und lachsfarbener Oleander *(Nerium)* haben derbe Blätter und eine dicke Haut, die es ihnen erlaubt, ganztägig vollsonnig zu stehen.

Oben: **Ein erdgefüllter Drahtkorb ist ein oringelles Zuhause für Hauswurz- oder Echeverienarten *(Sempervivum, Echeverium)*, die hier ringsum Sonne tanken können. Da sie als Sukkulente wenig Wasser brauchen, macht das Gießen keine Mühe.**

Mitte: **Die Vielfalt an frostfesten Dickblattgewächsen lädt zum Sammeln ein. Beschriften Sie die einzelnen Sorten sorgfältig. Kies als Erdabdeckung verhindert das Keimen von Unkräutern, und hält zugleich die Blattansätze trocken.**

Unten: **Eine Hand voll Erde, die sich zwischen den Steinen einer Gabione in Stützmauern sammelt, genügt Hauswurz & Co. zum Wachsen.**

Grau ist gut, wenn man sich vor der Sonneneinstrahlung schützen möchte. Der Grund: Das Sonnenlicht wird stärker reflektiert als an dunklen Blättern und die Pflanzen heizen sich nicht so schnell auf. Deshalb schützen viele Arten, die aus Gebieten mit mediterranem Klima stammen, ihr Laub mit einem weißen Überzug aus Wachs oder Haaren. Dazu gehören die Oliven *(Olea europaea)* die »grauen Eminenzen«, die in keinem südexponierten Topfgarten fehlen sollten. Ölweiden *(Elaeagnus × ebbingei)* tragen das ganze Jahr ihr graugrün überfilztes Laub, zwischen dem sich unauffällige, aber intensiv duftende Blütenglöckchen öffnen. Beim Stolz-von-Madeira *(Echium candicans)* thronen über dem grauen, weichfilzigen Laub im Frühling stattliche Blütenkerzen in Blauviolett. Der graugrüne Eisenholzbaum *(Metrosideros excelsa)* zeigt wie die Brasilianische Guave *(Acca sellowiana)* wunderschöne, rote Maiblüten. Beide werden im Topf mannshoch.

Stahlblau und hartlaubig sind aber auch viele frostharte Stauden aus aller Welt, die sich als Beetpflanzen etabliert haben und jetzt Einzug in die Topfgärten halten.
Zu den »Unverwüstlichen« zählen stahlblaue, bis zu 120 cm hohe Disteln wie Alpen-Mannstreu *(Eryngium alpinum)*, Kugel-Distel *(Echinops bannaticus)*, Artischocke und Cardy *(Cynara cardunculus, C. scolymus)*. Das Heiligenkraut *(Santolina chamaecyparissus)* ist mit 40 cm Höhe silbergrau und trägt besonders fein geschlitzte Blätter. Jeweils nach der gelben Augustblüte gestutzt, bleiben die Südeuropäer schön kompakt. Die Goldkamille *(Anthemis marschalliana)* toppt ihre silbergrauen Blattpolster mit goldgelben Kamillenblüten im Mai. Ihr ähnlich ist die Wüstengoldaster *(Eriophyllum lanatum*, S. 85).

Die Blätter von Lavendel *(Lavandula angustifolia)* und Garten-Salbei *(Salvia officinalis)* sind nicht nur grau belaubt, sondern duften aromatisch und dienen als Gewürz, ebenso das graue, gelblütige, 25 cm hohe Currykraut *(Helichrysum italicum)*. Violettblaue Blütenkerzen sind neben dem silbergrauen Laub das Markenzeichen des 30 cm hohen Silberblatt-Ehrenpreis *(Veronica spicata* subsp. *incana)*. Das Leimkraut ‘Weißkehlchen’ *(Silene vulgaris* subsp. *maritima)* ist eine graugrüne Polsterpflanze für niedrige Schalen mit einer Fülle weißer Blütenkelche ab Juli. Weitere graulaubige, weißblütige Stauden siehe S. 77.

Viel, aber nicht alles

halten an Hitze angepasste Pflanzen aus. Überreizen Sie die natürlichen Schutzmechanismen der Pflanzen nicht. Hitzetolerant bedeutet nicht, dass man die genannten Arten nie gießen muss. Auch sie brauchen im Sommer **jeden Tag** eine kräftige Gabe **Wasser**, aber eben nicht zwei oder drei wie andere. Und wenn Sie übers Wochenende mal auf Vorrat gießen oder in einer arbeitsreichen Woche das Gießen völlig vergessen, nehmen die Pflanzen es Ihnen nicht übel und blühen und wachsen trotzdem weiter. Die Schlussfolgerung aber, dass hitzetolerante Pflanzen im Sommer wenig Wasser benötigen, ist falsch. Richtig ist: Sie verlieren weniger und müssen weniger oft nachtanken.

Auch Kakteen brauchen in der Wachstumszeit von Mai bis August mindestens wöchentlich Wasser, um zu wachsen und nicht nur zu überleben, in heißen Zeiten auch jeden zweiten oder dritten Tag. Gießen Sie immer dann, wenn die Erde wieder trocken ist. Je nach Pflanzenart, Topfgröße, Substratbeschaffenheit, Standort und Wetter kann das schon nach einem Tag oder nach mehr als zwei Wochen der Fall sein. Eine pauschale Regel gibt es nicht. Sie müssen Ihre Pflanzen einfach beobachten und ihren Durst löschen. Im Winter kehrt sich die Regel dagegen um: Da die Pflanzen durch ihren Schutz kaum Wasser verlieren und im Winter nicht wachsen, brauchen sie jetzt tatsächlich fast gar nichts mehr!

Speichern statt sparen

lautet eine andere Taktik im Pflanzenreich. Während sich graue und derbe Blätter vor Verlusten schützen, legen andere zusätzlich Wasser- und Nährstoffspeicher in ihren Blättern oder Pflanzenkörpern an. Neben Agaven, Kakteen & Co. aus Übersee beherrschen diese Technik auch europäische Arten, allen voran Vertreter der Steinbrechgewächse und Dickblattgewäche, zu denen die Fetthennen *(Sedum)* und Hauswurze *(Sempervivum)* zählen. Der Clou: Sie speichern nicht nur Flüssigkeit in ihrem Gewebe, sondern bewahren es durch die Einlagerung von »Gefrierschutzmitteln« wie Zucker auch vor dem Einfrieren. Deshalb können sie auch die nordeuropäischen Winter ganzjährig im Freien verbringen. Ohne diese Fähigkeit würde das Wasser in ihren Zellen gefrieren und die Zellwände irreparabel sprengen.

Das einzige, was Sie für die kleinen Sukkulenten im Winter tun sollten, ist eine Schattierung vor der Wintersonne. Denn diese führt nach klirrend kalten Nächten in den Vormittags- stunden zu einer raschen Erwärmung und Spannungen im Gewebe, in deren Folge die derben Blattoberflächen reißen können. Deshalb tut den Kleinen eine Abdeckung mit Fichtenreisig wohl, die gleichzeitig zu viel Niederschlagswasser zu den Rändern ableitet und die Erde schön trocken hält. Lassen Sie lockere Schneedecken ruhig liegen: Sie wirken wie eine wärmende Decke.

Weitere Topf-Sträucher für sonnig-heiße Lagen

- **Sommerflieder** *(Buddleja davidii)*: 0,5–3 m, Blüten lila/rot/weiß, 7–10*)
- **Erbsenstrauch** *(Caragana arborescens)*: 1,5–2 m, Blüten lilablau, 4–5
- **Bartblume** *(Caryopteris × clandonensis)*: 0,5–1 m, Blüten lilablau, 8–9
- **Zierquitte** *(Chaenomeles*-Hybriden): 1–1,5 m, Blüten rot, 4–5
- **Perückenstrauch** *(Cotinus coggygria)*: 1,5–2,5 m, Blüten grün-gelb, 4–5
- **Rotdorn** *(Crataegus laevigata* 'Paul's Scarlet'): 2–3 m, Blüten rosarot, 5–6
- **Ginster** *(Cytisus, Genista)*: 0,3–1,3 m, Blüten gelb, divers
- **Pfeifenstrauch** *(Philadelphus)*: 1–1,5 m, Blüten weiß, 5–6
- **Feuerdorn** *(Pyracantha*-Hybriden): 1,5–2 m, Blüten gelblich, Fruchtschmuck
- **Spiersträucher** *(Spiraea* in Arten): 0,5–1,5 m, Blüten divers, divers
- **Felsenbirne** *(Amelanchier ovalis)*: 1–3 m, Blüten weiß, 4–5
- **Kuchenbaum** *(Cercidiphyllum japonicum)*: 2–3,5 m, Blüten rötlich, 4–5
- **Blauschote** *(Decaisnea fargesii)*: 1,5–2,5 m, blaue Schoten, 7–9
- **Trompetenblume** *(Campsis radicans)*: 2–5 m, kletternd, Blüte orangerot, 7–8
- **Kiwi** *(Actinidia)*: 2–5 m, kletternd, Blüten weiß, 6–7, Früchte
- **Blauregen** *(Wisteria sinensis)*: 2–5 m, kletternd, Blüten blau, 5–6

*) Blütezeit in Monaten

Schatten-Ecken schön gestalten: Genießen Sie die frische Kühle

Weiß oder gelb gerandete Funkienblätter *(Hosta)* bringen Licht in schattige Ecken. Ein bisschen Sonne – aber auch nicht zu viel davon – wünscht das orange-gelb-rote Sonnenröschen *(Lantana)*.

Haben Sie ein Glück,

dass Sie eine absonnige Ecke auf Ihrer Terrasse oder im Garten haben! Sie sehen das anders? Dann haben Sie die Vorteile, die unbesonnte Lagen haben, noch nicht entdeckt. Denn wie alles sein Gutes und Schlechtes hat, hat auch der Schatten seine Sonnenseiten. Hier ist es immer kühl, luftfeucht und ein Mekka für Pflanzen, die sich in der Sonne einen regelrechten Sonnenbrand holen würden – wie hellhäutige Menschen, die entgegen ihrer Natur zu lange und häufige Sonnenbäder nehmen.

Nehmen Sie's wörtlich,

wenn der Gärtner von **»absonnig«** oder **»schattig«** spricht. Beides bedeutet nicht, dass die Plätze »dunkel« sein sollen. Jede Pflanze braucht Licht, um zu wachsen! Deshalb sollten auch absonnige oder schattige Plätze durchaus hell und lichtreich sein, aber nicht direkt von der Sonne beschienen werden. Das ist sprachlich vielleicht ein feiner, in der Praxis aber gewaltiger Unterschied. Unter Tischen oder auf schmalen Pfaden zwischen meterhohen Mauern kann auf Dauer keine Pflanze gedeihen. Im lichten Schatten eines Baumes aber, durch dessen Blätterdach feine Lichtstrahlen fallen, oder im wandernden Schlagschatten eines Nachbarhauses, das einen Garten weit entfernt steht, ist der Lichtgewinn dagegen groß genug, damit hier von Frühling bis Herbst Pflanzen wachsen können.

Es mangelt an nichts,

wenn Ihr Topfgarten absonnig, aber lichtreich situiert ist, am wenigsten an Blüten. Denken Sie nur an die unzähligen **Fuchsien**-Sorten *(Fuchsia*-Hybriden), die mit ihren weichen Blättern in der Sonne in zu kurzer Zeit zu viel Wasser verlieren würden. Stimmt der tägliche Lichtgenuss, stoppen Fuchsien dagegen den

Die winterfeste Blaublatt-Funkie *(Hosta sieboldiana* 'Elegans') holt sich als Partner von Juli bis August gern eine wärmebedürftige Zimmerkalla *(Zantedeschia aethiopica)* an ihre Seite.

ganzen Sommer keinen einzigen Tag mit dem Flor. Unter den **einjährigen Sommerblumen** sind es die Fleißigen Lieschen *(Impatiens*-Neuguinea-Hybriden), denen ebenso ein Stammplatz gebührt wie den aufrechten und hängenden Begonien *(Begonia*-Elatior-, *B.*-Knollenbegonien-Hybriden). Duftsteinrich *(Lobularia maritima)*, Levkoje *(Matthiola incana)*, Vanilleblume *(Heliotropium arborescens)* und Ziertabak *(Nicotiana × sanderae)* verströmen ihren Duft, auch wenn sie nur ein paar Stunden am Tag Sonne erhalten.

Auch Stiefmütterchen *(Viola × wittrockiana)* und Vergissmeinnicht *(Myosotis sylvatica)* als Zweijährige stellen keine hohen Lichtansprüche. Die **Buntnesseln** *(Solenostemon scutellarioides)* liegen mit neuen, noch verrückter gefärbten Blättern derzeit voll im Trend. Probieren Sie eine der Sorten, deren Blätter fast schwarz (z. B. 'Dark Star'), braun mit maigrünem Rand (z. B. 'Walter Turner'), kupferfarben mit purpurnem Rand (z. B. 'Sedona') oder dreifarbig mit Purpur, Gelb und Grün (z. B. 'Combat', 'Stained Glassworks Garden Walks') oder flammengelb, glutrot und orangefarben (z. B. 'Sky Fire') sind.

Aus dem Schatten heraus treten **Kübelpflanzen** aus aller Welt, vor allem **ostasiatische**. Der Klebsame *(Pittosporum tobira)* ist darunter eines der Multitalente, denn seine gelben Blütendolden duften intensiv, die glänzenden Blätter sind immergrün und die Zweige sehr schnittverträglich, so dass man ihn gern zu Kugeln oder Hecken erzieht. Die kleinstrauchigen Weißdolden *(Rhaphiolepis indica, R. umbellata)* blühen ohne Sonne ebenso unerschrocken im Mai wie die Duftblüte *(Osmanthus fragans)* mit ihrem Pfirsichblütenduft. Der Heilige Bambus *(Nandi-*

Mit frühlingsgrünem Wurm-Farn *(Dryopteris)* und einem Fächer-Ahorn *(Acer palmatum)* im Rücken, haben schwarze Hornveilchen der Sorte 'Bowles Black' *(Viola cornuta)* ihren großen Auftritt.

Hortensien *(Hydrangea-Macrophylla*-Hybriden) brauchen wegen ihrer großen, weichen Blätter reichlich Wasser und fühlen sich im kühl-feuchten Schatten wohler als in sonnig-heißen Lagen.

na domestica) blüht im Herbst oder Frühling und schmückt sich mit auffälligen Beeren, ebenso die Kirschmyrte *(Syzygium paniculatum)*. Unter den schlingenden Kletterern ist der Sternjasmin *(Trachelospermum jasminoides)* zu nennen, der auch ohne Sonne seine duftenden, jasminähnlichen Blüten öffnet. Die kleine, überhängend bis kriechend wachsende Natalpflaume *(Carissa macrocarpa)* bringt nicht nur duftende Radblüten, sondern auch essbare Früchte zwischen ihren immergrünen Blättern und kurz bedornten Zweigen hervor. Ebenfalls ihre Heimat und Tradition in Asien haben die Kamelien *(Camellia japonica)*, die als »Rosen des Winters« geschützte, beschattete Plätze bevorzugen.

Im Schatten gedeihen auch die folgenden winterfesten **Topfsträucher** und -Kleinbäume. Klassiker im florierenden Schattengarten sind Hortensien *(Hydrangea-Macrophylla*-Hybriden) und Rhododendron *(Rhododendron)*, die sich gerne von anderen Immergrünen begleiten lassen: von kleinen Schattenglöckchen-Sorten wie 'Purity', 'Debutante' oder 'Valley Valentine' mit 1 m Höhe *(Pieris japonica)*, mannshohen Prachtglocken *(Enkianthus campanulatus)* und Kirschlorbeer *(Prunus laurocerasus* 'Otto Luyken' oder 'Zabeliana').

Die vielen Sorten des Fächerahorns *(Acer japonicum)* vertragen keinen Trockenstress und Hitze, der ihre Blattspitzen braun werden lässt, ja im Extremfall zum Absterben der Äste führt. An absonnigen Standorten aber sind ihre frischgrünen, leuchtend roten oder mehrtönigen *(Acer negundo* 'Flamingo') Blattfarben schön satt. Gewürzstrauch *(Calycanthus floridus)* und Kuchenbaum *(Cercidiphyllum japonicum)* lassen ihre Blüten beziehungsweise Blätter duften. In lichtreichen Lagen bringen Scheinhasel *(Corylopsis pauciflora)*, Goldglöckchen *(Forsythia × intermedia)*, Federbusch *(Fothergilla gardenii)*, Purpur-Magnolie *(Magnolia liliiflora* 'Nigra'), Pfeifenstrauch *(Philadelphus*-Hybriden) und Blut-Johannisbeere *(Ribes sanguineum)* beste Blühergebnisse.

Begonien *(Begonia*-Elatior-Hybriden), Fuchsien *(Fuchsia*-Hybriden) und Fleißige Lieschen *(Impatiens*-Neuguinea-Hybriden) bringen den Schatten mit farbenfrohen Blüten zum Leuchten.

Schattenspiele mit schmuckem Laub sind bei den langlebigen frostfesten **Blattschmuckstauden** vor allem das Metier der **Funkien** *(Hosta)* – und unter ihnen insbesondere weiß gerandeter Sorten wie *Hosta* 'Fortunei Albomarginata', 'Helenioides', 'Aureomarginata' *(H. ventricosa)*, 'Decorata', *Hosta* 'Crispula', *sieboldii* sowie 'Sea Saw' oder 'Thomas Hogg' *(Hosta*-Hybride), die alle rund 60 cm Höhe erreichen. Die Schneefeder-Funkie *(Hosta* 'Undulata') wird nur 30 cm groß und trägt ihre cremeweiße Zeichnung in der Blattmitte. Graue und blaugraue Sorten sind ebenfalls ein Highlight in jedem Schattengarten. Hierzu zählen Sorten wie 'Hyacinthira', 'Rugosa', 'Blue Boy' und 'Krossa Regal' sowie die Sorten von *Hosta × tardiana* (z. B. 'Blue Diamant', 'North Atlantic'). Die stattlichste von allen ist die Große Blaublatt-Funkie *(Hosta sieboldii* 'Elegans'). Da Schnecken die frisch sprießenden Funkienblätter im Frühling als Delikatesse betrachten und gnadenlos anfressen, sollten Sie die Töpfe mit durchsichtigen Hauben schützen, wie man sie im Gemüsegarten verwendet. Auch Schneckenkorn auf Eisensulfat-basis kann ebenso wie im Garten auf der Erdoberfläche von Töpfen ausgestreut werden und die Pflanzen schützen.

Fa(r)ntastisch machen sich Farne in Töpfen. Sie kommen als ursprüngliche Waldbewohner sogar mit sehr lichtarmen Plätzen zurecht. Verwenden Sie zum Pflanzen am besten grobe Walderde, die das ganze Jahr feucht bleiben sollte. Ein Schauspiel ist das Öffnen der schneckenhausartig eingedrehten Wedel im Frühling. Anspruchslos und starkwüchsig ist der Gewöhnliche Wurmfarn *(Dryopteris filix-mas)*, der bis zu 1 m Blatthöhe erreichen kann. Besonders filgran und feinblättrig wirken Flaumfeder-Filigranfarn *(Polystichum setiferum* 'Plumosum Densum') und Frauenfarn *(Athyrium filix-femina)*, die beide rund 60 cm Höhe erreichen. Der Tüpfelfarn *(Polypodium vulgare)* bleibt 20 cm klein und wintergrün. Auch Goldschuppenfarn *(Dryopteris affinis)* und Breitwedel-Dornfarn *(Dryopteris dilatata)* behalten bis weit in den Winter hinein ihr Grün und schmücken den Topfgarten.

Aus dem Walde her kommen weitere **frostfeste Stauden**, die wie der Frauenmantel *(Alchemilla mollis)* für zartgelbe Wolken im Schatten sorgen. Der Günsel *(Ajuga reptans)* ist kein spektakulären, aber blaublütiger und sehr dankbarer Bodendecker zur Unterpflanzung größerer Topfsträucher oder Stämmchen. Bergenien *(Bergenia*-Hybriden) sind immergrün, ihr Laub im Winter rötlich, und dienen als Randeinfassung für Gefäße. Die wintergrüne Elfenblume *(Epimedium × versicolor)* hat gern ein Gefäß flächendeckend für sich allein. Mit rosaroten Blüten und leckeren Früchten locken die Zier-Erdbeeren *(Fragaria*-Hybriden)

Weitere Topfpflanzen für den Schatten

- **Japan-Anemone** *(Anemone-Japonica*-Hybriden): 0,8–1 m, rosa, weiß, 8–10*)
- **Akelei** *(Aquilegia*-Hybriden): 0,2–0,5 m, verschieden, 5–6
- **Astilbe** *(Astilbe*-Hybriden): 0,3–1 m, verschieden, 7–9, Seite 79
- **Glockenblume** *(Campanula)*: 0,1–1 m, blau, weiß, 5–8
- **Berg-Flockenblume** *(Centaura montana* 'Grandiflora'): 0,5 m, blau, 5–7
- **Chin. Bleiwurz** *(Ceratostigma plumbaginoides)*: 0,2 m, blau, 9–10
- **Alpenveilchen** *(Cyclamen)*: 0,2 m, verschieden, 8–9, Seite 69
- **Tränendes Herz** *(Dicentra specabilis)*: 0,5–0,7 cm, rosa, weiß, 5–6
- **Storchschnabel** *(Geranium)*: 0,2–0,6 cm, verschieden, 6–8
- **Schnee-/Christrose** *(Helleborus)*: 0,3 m, lila, weiß, 1–3
- **Purpurglöckchen** *(Heuchera*-Hybriden): 0,2 m, rot o. weiß, 5–7, Seite 63
- **Gold-Felberich** *(Lysimachia punctata)*: 0,8 m, gelb,6–8
- **Gedenkemein** *(Omphalodes verna)*: 0,2 m, himmelblau, 3–5
- **Gelenkblume** *(Physostegia virginiana)*: 0,8 m, weiß, 7–9
- **Primel** *(Primula*-Vulgaris-Hybriden): 0,1–0,2 m, verschieden, 3–5, Seite 57
- **Duft-Veilchen** *(Viola odorata)*: 0,1–0,2 m, violettblau, 3–4

*) Blütezeit in Monaten

Stilvoll gestalten

Formale Topfgärten

Lavendel *(Lavandula)* und Schmucklilien *(Agapanthus)* in großen Töpfen – mehr brauchen Sie nicht, um einen Garten zum Entspannen zu schaffen. Der Materialwechsel im Belag ist vielfältig, wirkt aber durch die Symmetrie dennoch klar und schlicht.

Eine Frage des Typs

ist es, für welchen Stil im Garten – und damit auch im Topfgarten – Sie sich entscheiden. Vom »Romantischen Rosengarten« bis zum geometrisch gegliederten »Formalen Garten«, vom üppigen »Bauerngarten-Stil« bis zum edlen »Mediterranen Ambiente« sind es große Sprünge. In den folgenden Kapiteln möchten wir Ihnen Ideen und Beispiele zeigen, wie Sie Ihren persönlichen Stil finden und ihn mit Hilfe der beschriebenen Pflanzen umsetzen können.

Streng geometrisch

und trotzdem natürlich geht es im Formalen Garten zu. Sein Hauptmerkmal sind exakte Formen vom Kreis bis zum Rechteck, die die Fläche gliedern. Dadurch entstehen klare, ja scharfe Grenzen, an die sich die Pflanzen zu halten haben. Jedes Übertreten der Linien wird mit der Schere geahndet, und »Ausbrecher« werden mit mehrfachem Rückschnitt im Jahr immer wieder in Form gebracht. Was dieses Trimmen an Mehrarbeit bedeutet, macht die geringe Anzahl wieder wett. In Formalen Gärten haben wenige, aber dafür ausgewählte und schöne, ja »perfekte« Pflanzen ihren Platz. Diese wollen zwar intensiv umhegt werden, doch das Gießen, Schneiden und Düngen hält sich trotzdem in Grenzen.

Buchs braucht man immer

, wenn man einen Topfgarten im formalen Stil anlegen möchte. Das Problem: Da Buchs jährlich nur wenige Zentimenter an Umfang und Höhe zulegt und obendrein laufend geschnitten wird, wenn er kompakt wachsen soll, haben schöne Pflanzen ihren Preis. Prüfen Sie günstige Angebote kritisch. Zuweilen handelt es sich um den

Rundblättrigen Buchs *(Buxus macrophylla* 'Rotundifolia'), der rascher wächst, aber weniger frostfest ist als der Gewöhnliche Buchs *(B. sempervirens)*, zumal er meist aus Anzucht betrieben im Mittelmeerraum stammt. Auch der Kleinblättrige Buchs *(B. microphylla* 'Faulkner') ist im Topf nicht sicher frosthart.

Wenn Sie sich für den »richtigen« Buchs *(Buxus sempervirens)* entscheiden, der – solange er nicht austrocknet! – auch im Topf winterfest ist, müssen Sie auf weitere Unterschiede achten, vor allem in der Wuchshöhe und Blattfarbe. Nicht umsonst wird Buchs der Sorte 'Suffruticosa' als »Einfassungsbuchs« bezeichnet: Diese Pflanzen erreichen kaum mehr als 50 cm Endhöhe und sind für größere Figuren nicht geeignet. Gleiches gilt für 'Blauer Heinz', dessen Blätter attraktiv blaugrün schimmern. Für mannshohe Kegel, große Kugeln oder Figuren sollten Sie die reine Art *(Buxus sempervirens)* oder ihre Sorten 'Handsworthiensis' bzw. 'Rotundifolia' wählen. Nach dieser »Kleinen Buchskunde« können Sie Buchs jederzeit selbst vermehren. Seine Triebspitzen bewurzeln in Erde sicher. Haben Sie nur Geduld; es kann über ein Jahr dauern, bis die Stecklinge Wurzeln bilden.

Eiben, aber gern – ist das Credo für jeden formalen Topfgärtner. Denn nicht einmal Buchs präsentiert sich in so feinen, sanften Konturen wie die Eiben mit ihren kleinen, biegsamen, immergrünen Nadeln. Sattgrün im Ton und sehr dicht sind vor allem die Arten selbst: *Taxus baccata* und *T. cuspidata*. Gelbnadelige Formen wie 'Fastigiata Aureomarginata', 'Semperaurea' oder 'Summergold' wirken weniger edel und sollten höchstens als Einzelstücke eingestreut werden. Nichts für Topfgärtner sind breit ausladende Formen wie die Adlerschwingen-Eiben *(T. baccata* 'Dovastoniana'), Nissen's Eiben *(T. baccata* 'Nissen's Dirigent', 'Nissen's Präsident') oder bodendeckende Arten wie 'Repandens' *(T. baccata)* und 'Nana' *(T. cuspidata)*. Obwohl Eiben im Garten völlig winterfest sind, empfiehlt sich bei Kübelexemplaren eine Isolierung der Töpfe als Winterschutz, da die Wurzeln empfindlich auf wochenlangen Dauerfrost reagieren.

Wer lieber Liguster in sein Kübelrepertoire aufnimmt, holt sich eine der schnellwüchsigsten Formschnittpflanzen in den Garten. Der Vorteil: Selbst große oder aufwändig geformte Exemplare sind vergleichsweise erschwinglich. Der Nachteil: Durch den raschen Zuwachs müssen die Formen drei bis fünf Mal pro Saison »in shape« gebracht werden, Buchs und Eibe nur ein bis zwei Mal. Und: Beim Form-

Wer viel Platz im Garten hat und sich nicht im bunten Allerlei verlieren möchte, setzt auf den Wechsel aus Buchs-Kegeln *(Buxus)* und Lavendel *(Lavandula)* in großen Tongefäßen.

Ein bisschen Buchs – mehr braucht man im Grunde nicht, um eine erhöhte Holzterrasse stilvoll zu begrünen. Ob Kugel, Kegel oder Spirale – Buchs ist stets zu jeder Form bereit.

schnitt-Liguster handelt es sich nicht um den europäischen Gewöhnlichen Liguster *(Ligustrum vulgare)*, den Sie als Heckenpflanze kennen, sondern um die burmesische Art *Ligustrum delavayanum*. Sie verträgt etwas Frost, wirft aber mit einsetzender Dauerkälte ihr Laub ab, und die formschönen Kronen brauchen im Frühjahr vier bis sechs Wochen, um sich wieder zu begrünen. In Pflanzgefäßen ganzjährig im Freien bleiben können diese Arten nicht. Gleiches gilt im Übrigen auch für aufwändig geformte Koniferen, die im Mittelmeerraum gezogen werden. Arten wie die grünnadelige × *Cupressocuparis leylandii*, die blaunadelige *Cupressus arizonica* oder die gelbe *Cupressus macrocarpa* 'Goldcrest' sind in Töpfen nicht winterfest.

Lob dem Lorbeer *(Laurus nobilis)*, denn er ist nicht nur ein Figuren-Wunder, dessen Kronen sich zu Kugeln, Kegeln und Spiralen schneiden lassen, sondern obendrein pflegeleicht. Er kann früh im Jahr ins Freie und spät im Herbst ins Haus geräumt werden. Seine Saison dauert also von März bis November. Im Winter kommt er mit wenig Licht aus, obwohl er immergrün ist, und Schädlinge sind bis auf einen eventuellen Schildlausbefall kaum ein Thema. Die Blätter, die beim Rückschnitt anfallen, können Sie zum Kochen nutzen. Durchtrennen Sie beim Schnitt nicht die Blätter, das würde zu braunen Rändern führen, die monatelang sichtbar bleiben. Dem Lorbeer nicht nur namentlich ähnlich ist der Kirschlorbeer *(Prunus laurocerasus)*, der sich ebenfalls als Stämmchen ziehen lässt. Er kann die Winter mit Wurzel- und Kronenschutz im Freien verbringen.

Immer perfekt in Form sind auch die immergrünen Myrten *(Myrtus communis)*, insbesondere die als »Brautmyrte« bezeichnete Sorte 'Tarentina Microphylla' mit ihren kleinen, spitzen Blättern, die würzig duften. Sie ist als Mini-Stämmchen beliebt und wird ebenso gern bei Hochzeitsfeierlichkeiten als Tisch- und Raumschmuck verwendet wie im Sommer auf der Terrasse oder im Garten.

Wie aus dem Ei gepellt lässt sich dieser Buchs *(Buxus)* von weißen Petunie *(Petunia)* und graulaubigen Strohblumen *(Helichrysum)* umschmeicheln. Zu seinen Füßen gedeihen Funkien *(Hosta)*.

Auch ohne Blüte immer schön ist der Lorbeer *(Laurus nobilis)*. Durch den ständigen Schnitt kommen die Gewürzpflanzen in der Regel nicht dazu, ihre gelben Blüten und violettschwarzen Beeren anzusetzen. Die Kür der Formschnittkunst sind Lorbeerformen, deren Stämme spiralig gedreht oder geflochten sind. Dazu werden sie getrimmt, solange sie noch jung und biegsam sind.

◄ **Buchs ist gebucht** auf akkurate Formen, sei es als Hecke oder Topfpflanze. Der beste Zeitpunkt zum Schnitt ist Anfang Juli. Dann haben die Immergrünen den Hauptzuwachs des Jahres abgeschlossen und legen nicht mehr viel an Trieblänge zu. Sollten sie dennoch bis zum Frühling aus der Form geraten, schneidet man Anfang April noch einmal die Spitzen. Buchs braucht sehr viele Nährstoffe. Sonst werden die Blattränder gelb.

Perfekt frisiert sind Formschnittpflanzen dann, wenn ihr Besitzer einige Übung im Schnitt hat. Bis dahin behilft man sich mit gespannten Schnüren, übergestülpten Drahtformen oder Holzlatten-Konstruktionen als Leitlinien, um die symmetrische Form zu finden und zu erhalten. Gehen Sie beim Schnitt in kleinen Schritten vor, um keine groben Scharten in die Kontur zu schlagen. Betrachten Sie das Getane zwischendurch von allen Seiten, bevor sie erneut ansetzen

Aus dem Schatten treten Eiben *(Taxus baccata)* ebenso ungern wie der Buchs *(Buxus sempervirens)*. Zwar schadet den Kronen die Sonne nicht, aber Trockenstress vertragen beide nur schlecht. Ein lichtdurchfluteter, aber kühl-feuchter Platz unter einer alten Baumkrone ist für beide der ideale Platz. Mit dem Schnitt tun Sie sich leichter, wenn Sie Schnüre spannen, um Leitlinien für die symmetrischen Formen zu haben.

▲ **Sein Herz für** Liguster *(Ligustrum delavayanum)* hat schon mancher Topfgärtner entdeckt. Damit die kleinblättrigen Sträucher mit den biegsamen Zweigen Notenschlüssel oder Herzen bilden, werden sie an entsprechenden Drahtgestellen angebunden. Mit den Jahren kräftigen sich ihre Zweige, und sie bleiben auch ohne Korsett in Form. Die Schnitthäufigkeit ist eine Frage des Anspruchs. Sollen die Figuren immer perfekt sein, muss man alle vier bis sechs Wochen schneiden.

Very british: Topfgärten wie in England

Frühlingsfrische Blätter und blaue Blütentupfer begleiten Sie wie durch die schmalen Gärten englischer Reihenhäuser.

So viele Gartenbegeisterte wie in England findet man statistisch gesehen im Verhältnis zur Bevölkerung in keinem anderen Land Europas. Zwar sind die Privatgärten oft klein, aber umso liebevoller eingerichtet. Und dabei folgen die Engländer oft einem sehr eigenwilligen Stil.

Aufgebaut sind englische Topfgärten wie englische Gartenbeete: nach einem strengen Muster. Bei der Planung legt man zunächst die Leitpflanzen fest. Dies sind in der Regel hochwüchsige Arten und solche mit besonders auffälligen Blättern oder Blüten. Sobald sie platziert sind, werden die Flächen dazwischen mit Begleitpflanzen gefüllt. Wichtig dabei ist die Wiederholung: Ein englisches Staudenbeet wirkt auf den ersten Blick wie ein kunterbuntes Blütenmeer. Bei genauerem Hinsehen bemerkt man jedoch, dass sich viele Arten wiederholen. Sie werden hier als Pulk eingesetzt, dort erneut und da noch einmal. So entsteht trotz der Vielfalt eine Rhythmik. Halten Sie es beim Topfgarten-im-Englischen-Stil genauso und verwenden Sie lieber weniger Arten, diese aber dafür mehrfach und in ähnlichen Töpfen. So tauchen sie wie eine Leitlinie immer wieder auf und bringen Ruhe in das abwechslungsreiche Spiel.

Großartige Gärten erfordern große Gefäße. Setzen Sie im englischen Topfgarten nicht nur kleine Schalen und Kästen ein, sondern arbeiten Sie gleichsam wie bei der Planung eines Staudenbeets: Platzieren Sie zuerst die großen, auffälligen Arten. Dann stellt man ihnen kleine und mittelgroße Pflanzen zur Seite, aber nicht einzeltopfweise, sondern in Gruppen. Oder Sie setzen pro Topf nicht eine Staude alleine, sondern gleich einen Pulk von drei bis fünf Exemplaren der gleichen Art. Bei sehr großen Schalen oder Töpfen können Sie dabei die Sorten variieren, um unterschiedliche Wuchshöhen oder Blütenfarben zu erhalten, aber die einheitliche Wirkung sollte nicht verloren gehen. Ebenfalls beliebt in England sind Gefäße, die einen kleinen Garten für sich bilden. Dazu wählen Sie nach dem wieder gleichen Prinzip eine Leitpflanze aus und stellen ihr mehrere Begleiter zur Seite – einer Buchskugel Petunien und Efeu oder einer Keulenlilie *(Cordyline)* Fleißige Lieschen und Elfenspiegel *(Nemesia)*.

Das Spiel mit den Blattfarben

Das Spiel mit den Blattfarben ist eines der liebsten, das der englische Gärtner spielt. Für ihn ist nicht allein die Blüte entscheidend, die in regenreichen Jahren mit kalten Sommern schnell schwach oder ganz ausfallen kann. Auch ein sattes Wiesengrün ist nicht unbedingt Ziel seiner gestalterischen Bestrebungen, da er davon ringsum umgeben ist. Stattdessen reizen ihn ausgesprochen frühlingsgrüne Blätter wie die der Trugerdbeeren *(Duchesnea indica*, 10 cm), des Goldtröpfchens *(Chiastophyllum oppositifolium*, 15 cm), des Gelben Lerchensporns *(Corydalis lutea*, 25 cm) oder des Frauenmantels *(Alchemilla mollis*, 40 cm), die samtweich behaart sind und je nach Lichteinfall sogar silbern schimmern. Unter den Glockenblumen *(Campanula)* finden Sie viele frischgrüne Arten, von ganz klein bis groß.

Blaugrüne Laubfarben sind das zweite Begehren eines typisch englischen Topfgärtners. Das Laub der Akeleien *(Aquilegia*-Hybriden) schwankt je nach Sorte zwischen frisch- und blaugrün. Die Funkien *(Hosta*, Seite 93) bieten gleich eine ganze Reihe blaulaubiger Sorten für schattige Lagen an. In flachen Schalen breitet sich das wintergrüne Stachelnüsschen *(Acaena magellanica)* mit seinem winzigen Laub teppichartig aus. Das Fiederpolster *(Cotula squalida)* ist mit 5 cm ebenso klein, Teppich bildend und bräunlichgrün gefärbt.

Rotes Laub

Rotes Laub ist ebenfalls »fashion«. Der kupferfarbene Braunton der Purpur-Günsel *(Ajuga reptans* 'Atropurpurea'), die gleichfalls bodendeckend wachsen, lässt halbschattige Partien noch unergründlicher erscheinen. Die frischen Blätter der 30 cm hohen Elfenblumen *(Epimedium grandiflorum, E. × versicolor)* sind im Frühling bronzefarben. Im Herbst legen sich die immergrünen Bergenien *(Bergenia*-Hybriden) eine braunrot-grüne Laubfarbe zu.

Geheimnisvoll führen Fuchsien in hängenden Krügen den Besucher zum Ende des Ganges. Für silbergraue Begleitung sorgt das Greiskraut *(Senecio cineraria)*.

Filigran und elegant soll es nicht nur bei den Pflanzen zugehen, sondern auch bei den Accessoires wie dieser Blumensäule aus Draht mit weißen *Petunia*-Hybriden, Stiefmütterchen *(Viola)* und gelblaubiger Orangenblume *(Choisya* 'Sundance')

Besondere Blüten sind in englischen Topfgärten mehr geschätzt als im durchschnittlichen mitteleuropäischen Garten. Der Grund mag in der Pflanzenbegeisterung liegen, die, je mehr man sich mit einem Thema beschäftigt, zu immer spezialisierteren Wünschen führt. Nicht fehlen darf in Ihrem ganz persönlichen »Englischen Garten« deshalb folgendes Sextett aus langlebigen Waldstauden, die absonnige, luftfeuchte Plätze lieben. Wir beginnen mit dem Tränenden Herz *(Dicentra spectabilis*, 70 cm) samt seiner kleineren Schwester, der Zwerg-Herzblume *(Dicentra eximia*, 20 cm) mit ihren herzigen Tropfenblüten in Rosa mit Weiß. Juli-Blüten schön wie Orchideen präsentiert der 80 cm große Diptam *(Dictamnus albus)*, der einen Topf für sich alleine beansprucht. Ebenfalls ein bislang selten im Topfgarten verwendetes Kleinod mit gleichen Standortansprüchen ist die Wachsglocke *(Kirengeshoma palmata*, 60 cm) mit lichtgelben September-Glockenblüten und ahornähnlichen, formschönen Blättern. Der vierte im Bunde ist der Maiapfel *(Podophyllum peltatum*, 30 cm) mit schalenförmigen, weißen Maiblüten und apfelförmigen Früchten ab August. Der fünfte ist der Salomonsiegel *(Polygonatum)* in seinen verschiedenen Arten. Auf der ganzen Länge seiner bogigen Blätter hängen im Mai weiße Blütenglocken herab, oft Hunderte zugleich. Nummer sechs ist das Duftsiegel *(Smilacina racemosa)* mit 70 cm Höhe, breiten, fein geaderten Blättern und weißen Blütenrispen im Mai.

More beauty findet sich unter den langlebigen Stauden mit folgenden Vertretern: Für Familiengärten leider wegen seiner Giftigkeit ungeeignet, aber für den »kinderlosen« Garten unverzichtbar ist der zweijährige Fingerhut *(Digitalis purpurea*, 140 cm) mit seinen kunstvoll getupften, rosafarbenen Juli-Blütenglocken in langen Kerzen, der ebenfalls halbschattige, waldähnliche Bedingungen liebt. Lupinen *(Lupinus polyphyllus)* brechen ebenso stattliche Blütenlanzen mit 80 cm Höhe im Mai. Auch sie sind zweijährig. Die lockeren Blütenrispen der Chinesischen Wiesenraute *(Thalictrum delavayi*, 150 cm) sind schön gezeichnet und von schleierartiger Zartheit. Ein englischer Garten ohne die Schönheit der Bart-Iris *(Iris*-Barbata-Hybriden, 40–100 cm) wäre ein großer Fehler. Vermeiden Sie ihn, indem Sie vor allem blau- und violettblütigen Sorten einen vollsonnigen Stammplatz zuweisen. Wunderschöne

Klimabedingt schattig und kühl geht es im englischen Garten meist zu. Funkien *(Hosta)* in Töpfen sorgen für markante Farbtupfer vor der grünen Wand aus Efeu *(Hedera)* und Wein *(Vitis)*.

Blüten hat die Familie der Lobelien *(Lobelia)* zu bieten. Bekannt ist das blaublütige Männertreu *(Lobelia erinus)*. Nehmen Sie jedoch ebenso eine – oder mehrere – der feuerrot blühenden Scharlach-Lobelie *(L. splendens, L. fulgens, L. × speciosa*, ca. 80 cm) in den sonnigen, aber nicht heißen Topfgarten auf. Weit vor ihnen im Spätwinter sind die Schneerosen *(Helleborus*-Hybriden) in dunkelvioletten bis purpurfarbenen Spielarten und gut 5 cm Blütengröße porzellanschöne Diven, die nicht fehlen dürfen.

Unter den Blumenzwiebeln zählen die Schachbrettblumen *(Fritillaria meleagris*, 30 cm) zu den frühen Stars auf dem Laufsteg. Ihre karoförmig gezeichneten, dunkelvioletten Blütenglocken begeistern den versierten Gartenfan Jahr für Jahr im April von neuem. Unter den Lilien *(Lilium)* ist eine eleganter als die andere, so dass man sich kaum entscheiden kann, welche man im Sommer favorisieren soll. Tauschen Sie einfach durch: Wenn Sie eine Art oder Sorte im Topfgarten einige Jahre betrachtet haben, kommt sie in den Garten, und umgekehrt erhalten Beet-Lilien in Töpfen neue Stammplätze. Ebenfalls Hingucker sind der Rote Hängelauch *(Allium carinatum* subsp. *pulchellum*, 50 cm) und die Waldlilie *(Trillium grandiflorum*, 30 cm).

Gute Laune trotz schlechten Inselwetters versprühen Sommerblumen mit exklusiv geformten, aber nicht exotisch-ausgefallenen, sondern eleganten Blüten. Hierzu zählen Kapkörbchen *(Ostespermum*, 50 cm) in löffelblütigen Sorten, Fächerblumen *(Scaevola*-Hybriden, 30 cm) mit ihren typisch halbkreisförmigen Blütenfächern, Schmuckkörbchen *(Cosmos bipinnatus*, 100 cm) mit großen Blütentellern sowie der zierliche Goldmohn *(Eschscholzia californica*, 30 cm) mit glänzenden und kräftig gefärbten Blütenschalen. Beliebt sind die intensiv duftenden Schmetterlingsblüten der Duftwicken *(Lathyrus odoratus*, 200 cm) und Levkojen *(Matthiola incana*, 80 cm).

Ungewöhnliche Farbkombinationen sind ein weiteres Faible, das bei der Analyse des englischen Gartenstils auffällt. »Ungewöhnlich« meint in diesem Sinne vor allem »gewagt« wie beispielsweise mutige Kombinationen von Rot und Rosa. Fuchsien *(Fuchsia*-Hybriden) sind hierin wahre Meiste und vereinen in ihren Blüten Farben, von denen man einzeln gesehen nie glauben würde, dass sie zusammenpassen. Sie tragen ihre Blütenröckchen in Pink und Violett, Rosa und Hellrot oder Lachs und Lila.

Was zuvor ein Sitzplatz war, wird hier zur Bühne für allerlei kostbare Kleinode, die in Töpfen den Gartenraum schmücken und ihn von jeder Perspektive wieder anders aussehen lassen (siehe Seite 41).

Leben wie auf dem Lande: das Schöne am Nützlichen

Ob Petersilie, Erdbeere, Mangold oder Tomate: Sie alle sehen nicht nur wirklich lecker aus, sondern schmecken auch so!

Augen und Gaumen zugleich können Sie mit einem Topfgarten verwöhnen, in dem nicht nur Zierpflanzen, sondern auch Gemüse und Obst wachsen. Ein paar Kräuter dazu, und fertig ist ein Fleckchen, das so manchem Bauerngarten auf dem Lande Konkurrenz machen könnte. Denn gemäß dieser alten Gartentradition ist ein Garten ebenso zur Ernährung wie zum Betrachten da. Im Bauerngarten von damals wie heute wachsen schöne Blumen, die man für die Vase schneiden kann, frische Kräuter zum täglichen Würzen und Salate für kleine, aber superfrische Beilagen. Statt zum Supermarkt zu fahren, haben Sie das Frischeregal direkt vor der Haustür, zu jeder Tages- und Abendzeit, unabhängig von jeden Öffnungszeiten

Der Bauerngarten im Topf geht noch ein Stück weiter und kultiviert nicht nur Nützliches, sondern Leckeres, das zugleich attraktiv ist. Hierzu zählen dekorative Gemüsesorten wie Tomaten *(Lycopersicon esculentum)* und Paprika *(Capsicum annuum)*, die auch dann schon gut aussehen, wenn ihre farbenfrohen Früchte heranreifen. Zu jeder Jahreszeit attraktiv sind die starkwüchsigen, dicht beblätterten Kürbisranken *(Cucurbita)*, die in großen Kübeln bei gleichmäßiger Wasser- und Düngerversorgung bestens gedeihen. Ihre gelben Blütentrichter sind riesig und können zum Kochen verwendet werden, zum Beispiel für Pasta-Saucen. Bei den Früchten im Herbst sind statt der wettbewerbsfähigen Riesenkürbisse Zierformen gefragt, mit denen man rund um Halloween herrlich dekorieren kann. Die Auswahl ist riesig, und Sie können zwischen »Bischofsmützchen«, »Ufos« und »Schlangenhalskürbissen« wählen. Obwohl sie nicht viel Fruchtfleisch enthalten, ist dieses durchaus schmackhaft und zum Kochen gut verwendbar.

Eine Doppelfunktion in Sachen Deko & Delikates übernehmen auch Gemüse mit attraktivem Laub wie der Stielmangold *(Beta vulgaris* subsp. *vulgaris)* in rotstieligen Sorten wie 'Vulkan' oder weißstieligen wie 'Walliser' oder 'Paros', die man bei gestaffelter Aussaat ab Mitte April den ganzen Sommer über und bis weit in den Herbst hinein ernten kann. Mangold verträgt ersten Frost unbeschadet und braucht von der Saat bis zur Ernte rund zwölf Wochen. Derzeit im Trend liegen asiatische Gemüse wie Pak Choi, auch Senfkohl genannt, der ebenfalls mit weißen, dickfleischigen Stielen aufwartet und wie Spinat zubereitet wird. Im Herbst sorgt der Zierkohl *(Brassica oleracea)* für violettes, rosafarbenes und grünes Blattwerk im Topf-Bauerngarten. Trotz seines schillernden Outfits kann er wie Weißkohl zubereitet und verzehrt werden. Tipp: Entdecken Sie auch den Zierwert von blaugrauen Rotkohlblättern oder roten Radicchio-Salatköpfen *(Cichorium intybus* var. *foliosum)*.

Oben: **Kürbisse gehören im Bauerngarten unbedingt zur Herbstdekoration. Bevor der Dauerfrost einsetzt, höhlt man ihr Fruchtfleisch aus und bereitet es zu. Zum orangen Ton der Schalen passen späte Sonnenhüte *(Rudbeckia fulgida* var. *sullivantii* 'Goldsturm') und Studentenblumen *(Tagetes)*.**

Mitte: **Natürliche Materialien wie Weidenkörbe unterstreichen den naturnahen Charakter des ländlichen Topfgarten-Stils.**

Unten: **Ein Korb würziger Kräuter ist nicht nur ein schönes Geschenk an Sie selbst, sondern auch für andere, wenn Sie eingeladen sind.**

Schöne Sommerblumen gehörten schon immer zum ländlichen Garten, vor allem solche, die man auch für die Vase ernten kann. Hierzu zählen langstielige Arten wie Schmuckkörbchen *(Cosmos bipinnatus)*, Jungfer-im-Grünen *(Nigella damascena)*, Spinnenpflanze *(Cleome spinosa)*, Kapkörbchen *(Osteospermum)*, Sonnenblumen *(Helianthus annuus)* und die prächtigen Stockrosen *(Alcea rosea)*. Doch ebenso laden kleinere Arten wie

Narzissen *(Narcissus*-Hybriden) und Tulpen *(Tulipa*-Hybriden), Stiefmütterchen *(Viola*-Wittrockiana-Hybriden) und Maßliebchen *(Bellis perennis)* zur täglich frischen Ernte ein.

Mit Blüten dekorieren können Sie nicht nur eine Vase, sondern auch Ihre Speisen. Himmelblaue Boretschblüten *(Borago officinalis)* verfeinern mit ihrem gurkenähnlichen Aroma frische Salate. Die Blüten der Kapuzinerkresse *(Tropaeolum majus)* schmecken erfrischend scharf und sind mit ihrer gelben oder orangefarbenen Leuchtkraft eine auffällige Dekoration für Platten und Süßspeisen. Duftveilchenblüten *(Viola odorata)* und Duftrosen im Topfgarten (siehe Seite 106 ff.) geben ihr liebliches Aroma gern an Kuchen und Gebäcke weiter. Da man zum Dekorieren jeweils nur wenige Blüten braucht, genügen für die Ernte nicht mehr als ein oder zwei Topfpflanzen, für die immer Platz ist.

Tee tut wohl zu jeder Jahreszeit. Und wenn er aus frischen Blättern gebrüht wird, schmeckt er umso besser. Vergessen Sie deshalb nicht, Pfefferminze *(Mentha piperita)* in Ihren Topfgarten aufzunehmen. Die starkwüchsigen Pflanzen gedeihen in ständig feuchten Töpfen besser als im Garten, wo sie sich leicht und unkontrollierbar ausbreiten. Wer einen fruchtig-erfrischenden Tee zubereiten möchte, pflanzt eine Zitronenmelisse *(Melissa officinalis)*, für die hinsichtlich der Standortansprüche Gleiches gilt. Noch zitroniger schmecken die Blätter des Zitronenstrauchs *(Aloysia triphylla*; früher: *Lippia citriodora)*, der jedoch nicht wie die beiden anderen sicher frostfest ist und daher besser im Haus überwintert.

Bauerngärten sind von alters her »Probierstuben für Neues«, und so dürfen Sie sich auch ruhig den Genuss eines frisches Ananas-Salbei-Tees *(Salvia elegans* 'Pineapple Scarlet') oder eines Zitronen-Thymian-Tees *(Thymus citriodora)* gönnen.

Heilkräuter fehlen weder im echten Bauerngarten, noch sollten sie es in Ihrem Topfgarten tun. Wenige Blätter Majoran oder Oregano *(Origanum majorana*, *O. vulgare)* in einem Stoffsäckchen genügen, um einem Vollbad ein angenehm entspannendes Aroma zu geben. Die Blätter der Kamille *(Chamomilla recutita)*, die in einem größeren Topf überdies wunderschöne Blüten treibt, gelten als heilender Badezusatz, ebenso wie Salbeiblätter *(Salvia officinalis)* gegen Erkältungen helfen. Und Ringelblumen *(Calendula)* sind nicht nur schön und in kräftigen Farben blühende Sommerblumen, sondern in Cremes verarbeitet Lieferanten für wundheilende Essenzen.

Die Mischung macht's auch im Bauerngarten, dass die Pflanzen gesund bleiben. Zwar ist keine richtige Mischkultur möglich wie im Gemüsebeet, da die positiven Wechselwirkungen zwischen den Pflanzen oft im Boden stattfinden (z. B. durch Stoffe, die von den Wurzeln abgegeben werden). Trotzdem ist die Artenvielfalt im »agricultural garden« so groß, dass sich vielfältige Einflüsse einstellen. Schädlinge breiten sich nicht so rasant aus wie in Gärten, die nur wenigen Arten gewidmet sind. Die Anzahl und Artenfülle an Insekten, die Ihren Topfgarten täglich besuchen, ist enorm, auch wenn wir dies kaum bemerken. Dadurch finden sich zu vielen Insekten natürliche Feinde als Gegenspieler ein, die sie unter Kontrolle halten. Ätherische Öle, die Kräuter verströmen, halten bestimmte Insekten auf Distanz und schützen damit auch ihre Nachbarn vor einer Invasion.

Ein Blütenmeer aus roten Begonien *(Begonia-Elatior*-Hybriden) und Dahlien, rosafarbenem Ziertabak *(Nicotiana × alata)* und weißer Margerite *(Leucanthemum)* füllt kleine Terrassen- oder Gartenecken im Bauerngartenstil aus.

Stockrosen *(Alcea rosea)* sind nur eine von vielen Sommerblumen für den Bauerngarten. Am meisten Spaß macht es, wenn man sie selbst aus Samen heranzieht. Stockrosen, Sonnenblumen *(Helianthus annuus)* und Jungfer-im-Grünen *(Nigella damascena)* machen einem diese Aufgabe oft leicht, da sie sich selbst aussäen. Sie brauchen die Sämlinge im Mai nur in eigene Töpfe zu setzen.

◄ **Dahlien dürfen** im ländlichen Topfgarten auf keinen Fall fehlen, denn ein auffälliger, farbenprächtiger Flor ist hier jederzeit höchst willkommen. Und da Dahlien im Spätsommer und Herbst blühen, komplettieren sie das Sortiment und verlängern die Saison um viele Wochen. Damit langstielige Sorten bei den ersten Herbststürmen nicht knicken, bindet man sie rechtzeitig an Stützstäbe an.

Im Bauerngarten ist immer etwas los, und das nicht nur blütenmäßig. Wer gerne im Garten werkelt, wird seine Freude am Ernten kleiner Gemüse- oder Kräutermengen zum Kochen haben, von Blütenstielen für die Vase oder Samen für die nächstjährige Aussaat. Für Menschen, die dagegen keinen grünen Daumen haben und wenig Zeit in die Pflege ihrer Töpfe investieren wollen oder können, ist ein Bauergarten-im-Topf nicht unbedingt das Richtige.

► **Zu schön zum Essen** sind die Blattstiele des Mangolds im Grunde schon. Wer sie nicht ernten möchte, genießt ihre Farbenpracht bis in den Herbst hinein. Eher zum Vergnügen als zum Betrachten sind Wurzelgemüse wie Möhren, Rettiche oder Radieschen in Topfkultur gedacht. Für Ihre Kinder aber ist es ein großes Erlebnis, wenn Sie die Gemüse in durchsichtige Glasvasen säen oder pflanzen. So kann man den Wurzeln buchstäblich beim Wachsen zusehen!

▲ **Den Ball der Blütenbälle** eröffnen die Hortensien *(Hydrangea*-Macrophylla-Hybriden) heute schon im frühesten Frühjahr mit vorgetriebenen Pflanzen. Die natürliche Blütezeit aber liegt im August. Wer blaue Hortensienblüten möchte, muss seine Pflanzen regelmäßig mit speziellem Hortensiendünger (z. B. Kalialaun) versorgen. Sonst blühen sie rot oder rosa. Schneiden Sie die Zweige im Frühling nicht zurück, da sie an den mehrjährigen Triebe blühen.

Der Rosengarten im Topf: hier werden Träume wahr

Schenken Sie sich selbst jeden Tag einen Strauß roter Rosen: Mit Rosenstöcken in Töpfen, die sich von roten Lilien *(Lilium)*, orangeroten Wandelröschen *(Lantana)* und gelben Margeriten *(Euryops)* begleiten lassen, ist das kein Problem.

Rote Rosen bekommt man nicht jeden Tag geschenkt – im Topfgarten schon! Denn Rosen sind mit den Hortensien die Gehölzgruppe mit den höchsten Zuwachsraten im Topfgarten. Rückwirkend werden seit Jahrzehnten etablierte Sorten auf ihre Topftauglichkeit geprüft und für geeignet befunden. Neue Züchtungen werden sogleich auf ihre Eigenschaften als Gefäßpflanzen hin selektiert und auf den Markt gebracht. Und schließlich sind auch Sie selbst der beste Probant, um Favoriten herauszufinden, die sich trotz des beengten Wurzelraums auch im Topf als blühfreudig und robust erweisen. Es wäre unmöglich, all die vielen Tausend Rosensorten von Fachleuten testen zu lassen. Wenn aber jeder mithilft, nimmt der Erfahrungsschatz rasch zu.

Mit Rosenöl pflegen wir uns gern, aber wie pflegt man seine Rosen rundum schön? Das Wichtigste ist, Stress abzuwenden. Rosen dürfen nicht unter **Trockenheit** leiden und nicht unter **Hitze**. Hitze entsteht dort, wo im Sommer kein Luftzug weht, zum Beispiel in Hauswandnähe. Stellen Sie Ihre Rosen lieber frei auf, ohne dass dichte Nachbarpflanzen ihre Kronen bedrängen. Hitze darf ebenfalls nicht im Topfbereich eintreten. Überhitzen die Wurzeln, werden die Blätter unterversorgt, das natürliche Abwehrsystem der Rosen geschwächt und typische Pilzkrankheiten wie Echter oder Falscher Mehltau haben ein leichtes Spiel. Ist der Standort dagegen eher zu kühl und feucht, greift der Sternrußtau an. Vorbeugend hilft hier ein Standortwechsel. Den zweiten Faktor »Trockenheit« können Sie selbst steuern, indem Sie Ihre Rosen wirklich regelmäßig gießen. Denken Sie dabei auch gleich ans Düngen. 14-tägige Düngergaben mit speziellen Rosendüngern halten Ihre Rosen fit und widerstandsfähig. Beachten Sie die Hinweise auf der Packung.

Die Rosenkönigin

möchte jede Sorte gerne sein, doch in der Konkurrenz der Topfrosen gibt es viele Bewerberinnen. Welche gekrönt wird, hängt von Ihrem persönlichen Geschmack ab. Sie allein sind die Jury und wählen die Siegerin. Legen Sie dabei folgende Bewertungskriterien zugrunde:

- **Wuchsform:** Rosensorten für den Topf müssen vieltriebig und kompakt wachsen, damit sie nicht staksig und »nackt« aussehen. Denn keine noch so schöne Blüte kommt zur Geltung, wenn sie auf einem dürren Astgerippe sitzt. In diesem Sinne kommen viele Teehybriden nicht in Frage, dafür aber Bodendeckerrosen, die längst nicht alle »bodendeckend« wachsen. Sie können ebenso gut aufrechte, stärker in die Breite als in die Höhe or entierte Sorten wie 'Lavender Dream' (lavendelblau), 'Palmengarten Frankfurt' (rosa), 'Heidetraum' (rot), 'Heidekind' (rot) oder 'Schneesturm' (weiß) wählen.
- **Größe:** Da Rosen stachelig sind, sollten sie im Topfgarten nicht zu ausladend wachsen. Sonst muss man zusätzlich zum Platzanspruch ihrer Triebe einen »Umlauf-Abstand« einplanen, um sich nicht in ihnen einzuhaken oder sich gar zu verletzen. In diesem Sinne sind die meisten Strauch- und Wildrosen für den Topfgarten ungeeignet, da sie recht groß und ausladend werden. Zwerg-Rosen, die man auch als Mini-Rosen bezeichnet, sind der Gegenpol und so zierlich, dass sie trotz ihrer Stacheln überall einen Platz finden: als Tischdekoration, auf Regalen, schmalen Mauersimsen oder zwischen größeren Rosen. Kletterrosen bleiben an Eisenobelisken schön schlank und beanspruchen auch an Klettergerüsten im Hintergrund wenig Platz.
- **Blütezeit:** Topfpflanzen sind Solisten, von denen man sich eine möglichst lange Blütezeit wünscht. Bei den Rosen darf man angesichts unzähliger Sorten, die ununterbrochen von Mai bis September blühen, einen zugleich üppigen Flor erwarten. **Historische Rosensorten** wie Tee-, Bourbon,- oder Remontant-Rosen sind zwar wahre Blütenkunstwerke, vergehen aber vergleichsweise rasch, da ihr Flor, wenn auch üppig, nur wenige Wochen anhält. Besser sind dagegen die **mehrmals blühenden, moderneren Sorten** wie man sie unter den Polyantha- und Floribunda-Rosen findet. Achten Sie vor allem bei Kletterrosen auf mehrmalsblühende Sorten wie 'Compassion' (rosa), 'Dortmund' (rot), 'Ilse Krohn Superior' und 'Goldener Olymp' (gelb).

Oben: **Ein perfekter »Kleiner Rosengarten« braucht nicht mehr als eine stattliche Hochstammrose und einen Lavendel *(Lavandula)* im Topf. Dazu gesellen sich saisonal Hortensien *(Hydrangea)*.**

Mitte: **Weiße Hortensien *(Hydrangea)* und Rosen wie 'Swany' sind in teilsonnigen Lagen ein edles Paar.**

Unten: **Rosen brauchen große und vor allem hohe Töpfe, da ihre Wurzeln Tiefgang haben. Je mehr Erdvolumen, umso mehr Dünger und Wasser kann gespeichert werden und Mangelsituationen ausgleichen, die Ihre Rosen schwächen könnten.**

Eine Klasse für sich

sind die Rosenstämmchen, genauer: die **Hochstamm- und Trauerrosen.** Von »Trauerrosen« oder »Kaskadenrosen« spricht man, wenn zur Veredelung eine Rosensorte mit langen Trieben verwendet wurde (z. B. Kletterrose, Bodendeckerrose, Strauchrose), die in blütengeschmückten Schleppen herabhängen. Sehr gerne werden hier 'Rosarium Uetersen' (rosa), 'Sympathie' (rot) oder 'Rokoko' (lachsfarben) verwendet. Unter den »Hochstammrosen« fasst man Veredelungen mit Beetrosen (Tee-, Floribunda-, Polyantha-Hybriden) zusammen, die eher kugelige, aufrechte Kronen bilden. Beliebt sind hier duftende Sorten wie 'Schneewittchen' (weiß), 'Duftwolke' (rot), 'Wimi' (pink), 'Königin der Rosen' (rosa) oder 'Mildred Scheel' (rot). Der Vorteil beider Typen: Sie blühen in Augenhöhe, da sie auf ihren geraden Stämmen 130–180 cm Höhe erreichen. Der Nachteil, dass die schlanken Stämme an der Basis kahl wirken, lässt sich beheben, indem man sie mit Rosenbegleitern unterpflanzt.

Denn ohne Hofstaat

wäre eine Königin nicht das, was sie sein soll: eine Diva, die in jeder Lebenslage perfekt aussieht. Deshalb ist es nicht nur im Sommer wichtig, ihr blühende Begleiter zu Füßen zu stellen. Der Frühling ist fast noch wichtiger, wenn die Rosen gerade ergrünen und noch wenig hermachen. Unterpflanzen Sie die Stöcke oder Stämmchen mit **Zwiebelblumen** von der Hyazinthe bis zur Narzisse (siehe Seite 52 ff). Sind deren Blätter welk, treten **Sommerblumen** an ihre Stelle, zum Beispiel Duftsteinrich *(Lobularia maritima)*, Eisenkraut *(Verbena*-Hybriden) und Schleierkraut *(Gypsophila elegans)*. Eine dauerhafte Besetzung liefern **Stauden**, unter denen blau- und weißblütige die Hofherren sind, denn sie konkurrieren nicht mit der Rosenpracht, sondern ordnen sich dezent unter: Glockenblumen *(Campanula)*, Salbei *(Salvia officinalis)* sowie Katzenminze *(Nepeta × fassenii)* zählen zu den Klassikern (weitere siehe Seite 72 f. und Seite 76 f.), ebenso die nebenstehend vorgestellten Arten. Nicht weniger gut passen gelbblütige Stauden wie Frauenmantel *(Alchemilla mollis)* und Mädchenauge *(Coreopsis*, Seite 85).
Im Herbst sind Herbst-Chrysanthemen *(Chrysanthemum-Indicum*-Hybriden) wichtige Partner für die letzten Blütenauftritte des Jahres, ebenso kleinwüchsige **Ziergräser**, die Rosen das ganze Jahr begleiten: z. B. Silberährengras *(Achnatherum calamagrostis)*, Lampenputzergras *(Pennisetum alopecuroides)* und Rutenhirse *(Panicum virgatum)*. Mit rot blühenden oder violetten Begleitern sollten Sie dagegen sehr vorsichtig sein, denn sie würden mit roten oder rosafarbenen Rosenblüten nur bedingt harmonieren.

Rosengärten ohne Garten sind mit großen Pflanzgefäßen keine Utopie. Hohe Rosenstämmchen sind besonders wichtig, um die Blicke von der Fassade weg auf das Blütenmeer darunter zu lenken.

Storchschnäbel *(Geranium)* sind eine große Staudengruppe, die im Garten als Bodendecker eingesetzt werden. Im Topfgarten sind sie für aufstrebende Rosen eine tolle Fußbekleidung. Rund 20 cm erreichen Balkan- und Dalmatinischer-Storchschnabel *(G. × cantabrigiense* 'Biokovo', *G. dalmaticum)*, beide rosa blühend, 40 cm wird der Pyrenäen-Storchschnabel *(G. endressii)* hoch.

◄ **Duftnesseln** *(Agastache rugosa)* tragen ihren Namen wegen ihrer nach Minze duftenden Blätter, die als Gewürz und für Tees verwendet werden können. Die blauvioletten Lippenblüten ziehen im Sommer Bienen und Schmetterlinge in Scharen an. Als Newcomer unter den langlebigen Topfkräutern überzeugen Duftnesseln mit einer sehr guten Winterhärte. Achten Sie jedoch darauf, dass die Töpfe im Winter nicht vernässen.

Rosenbegleiter

sorgen für die passende Untermalung. Wählen Sie Arten mit unterschiedlichen Blütenformen: dünne, schlanke Kerzen im Wechsel mit kleinen Kelchen; große, flache Tellerblüten in Kombination mit zarten Blütenschleiern, süß duftende Blüten mit herb-aromatischen Kräutern. Würde man nur auf Rosen blicken, sähe man sich trotz ihrer Schönheit an ihnen leid. In einer bunten Mischung aber bleiben sie die Queens.

► **Lavendel** *(Lavandula)* ist nicht nur wegen seiner blauen oder weißen Blüten (Sorte 'Alba') und des edelgrauen Laubes einer der beliebtesten Rosenbegleiter. Er duftet obendrein aromatisch und verstärkt das Parfüm der Rosenblüten. Und Er selbst bleibt von Schädlingen verschont und soll helfen, Rosen gesund zu halten. Dieser Effekt ist wissenschaftlich nicht nachgewiesen, aber von vielen passionierten Rosenbesitzern beobachtet worden.

▲ **Rittersporne** *(Delphinium)* überragen so manche Rose mit ihren Blütenkerzen und sorgen für eine Trennung zwischen den Starlets, die sonst zu starke Kontrahenten wären. Die Stauden sind elegant genug, um selbst Hingucker zu sein, aber die kühle Farbe Blau macht sie zurückhaltend. Sie können wählen zwischen hellblauen Sorten (z. B. 'Sommerabend', 'Ariel'), dunkelblauen (z. B. 'Polarnacht', 'Sternennacht') und weißen (z. B. 'Pacific').

Mediterrane Topfgärten: Leben wie am Mittelmeer

Eine Reihe stattlicher Zitrusbäumchen *(Citrus limon)* in dickwandigen Terracottatöpfen im Stile italienischer Villen verwandeln Ihren Garten in eine wahre Urlaubsoase.

Die südländische Lebensart ist »en vogue« und »di moda«, nicht nur im Indoor-Bereich, sondern vor allem rund ums Haus. Dem Trend zu Hilfe kommen heiße Sommer und milde Winter, die es immer mehr mediterranen Pflanzen ermöglichen, bis zu acht Monate oder sogar ganz im Freien zu bleiben. Sie bringen Urlaubsatmosphäre in Ihren Garten: Wenn es zu Hause so schön aussieht wie in den Hotelanlagen der Ferienzentren, braucht man im Urlaub gar nicht mehr wegzufahren.

Das süße Leben genießt man vor allem mit Zitruspflanzen hierzulande gerne. Was mit einem kleinen Zitronenbäumchen *(Citrus limon)* beginnt, wird rasch zur Leidenschaft, denn die Sortenvielfalt ist von Mandarinen *(C. reticulata/C. clementina)*, Orangen *(C. sinensis)*, Grapefruit *(C. paradisi)*, Pampelmusen *(C. maxima)*, Limetten *(C. aurantiifolia, C. limetta)* bis hin zu den Pomeranzen *(C. aurantium)* riesig. Die mit gut 20 cm Durchmesser größten, dickschaligen Früchte bringen die Zitronat-Zitronen *(C. medica)* hervor, den besten Duft die Bergamotte *(C. aurantium* var. *bergamia)*, deren ätherisches Öl vielfältig verwendet wird – für Parfüms (z. B. »4711«) wie Spirituosen (z. B. »Cointreau«).

Zu pflegen sind alle Sorten gleich einfach, wenn Sie daran denken, wo *Citrus* wachsen: in sonnigen, heißen, trockenen Gebieten. Das bedeutet: Stellen Sie Ihre Pflanzen im Sommer vollsonnig und gießen Sie reichlich, aber immer erst dann, wenn die Erde abgetrocknet ist. Ein Kuriosum sind die stark bedornten, Laub abwerfenden Dreiblättrigen Orangen *(Poncirus trifoliata)*. Sie vertragen leichten Frost und können mit Schutz sogar im Freien überwintern.

Oben: **Es muss ja nicht gleich ein ganzer Garten sein, den Sie im mediterranen Stil einrichten. Eine kleine Ecke mit Oleander und Lorbeer genügt, um ein Stück toskanisches Landleben zu vermitteln.**

Rechts: **Terracottafliesen und ein rauer Kieselsteinbelag sorgen gemeinsam mit ziegelgedeckten Mauern und einem Bistrotisch für mediterranes Ambiente à la Provence.**

Unter Palmen sitzen können Sie nicht nur am Strand von Bali, sondern auch bequem zu Hause. Klassiker für den mediterranen Garten sind Hanfpalmen *(Trachycarpus fortunei)* mit ihren geraden, von Fasern umhüllten Stämmen. Sie sind im Himalaya-Gebiet beheimatet und Kälte gewöhnt. Schützt man ihr »Herz« – so nennt man die Palmenspitze, aus der die Blätter sprießen – vor Nässe, können sie im Freien überwintern. Die Wurzeln vertragen Dauerfrost problemlos. Beliebt sind auch Dattelpalmen *(Phoenix canariensis, P. dactylifera)* mit ihren langen, ausladenden Fiederblättern, die den Winter im Haus verbringen. Wer etwas Kleines sucht, ist mit der mehrstämmig und damit buschig wachsenden Zwergpalme *(Chamaerops humilis)* gut beraten, die zwar lange im Freien bleiben kann, aber als Topfpflanze während der Zeit der strengsten Kälte in eine Garage oder helles Gerätehaus geräumt wird.

Zum mediterranen Blütenfest gehört vor allem **Oleander** *(Nerium oleander)* in seinen vielen Farbvariationen von Rosa über Lachs und Gelb bis hin zu Weiß und Rot in gefüllten und einfachen Formen. Gefüllte Sorten blühen nicht weniger üppig als einfache, wenn der Sommer sonnig ist. Aber sie werden bei Regen leichter fleckig, da sich die Feuchtigkeit zwischen den Blütenblättern fängt. Problematisch beim Oleander ist eine Pilzkrankheit namens *Ascochyta,* die latent in jedem Oleander schlummert. Bei optimaler Pflege bricht sie nicht aus, weshalb Pflanzen im mediterranen Klima die Krankheit äußerlich nicht zeigen. Erst wenn die immergrünen Starkzehrer unter Kälte, nasskalter Witterung, extremer Trockenheit oder Düngermangel leiden, bekommen die Blätter und Stängel Flecken in Form konzentrischer, brauner bis grauer Kreise. Je besser Sie Ihre Oleander-Sammlung pflegen, umso geringer ist die Erkrankungsgefahr. Schließlich sind Oleander wüchsige Kübelpflanzen, die man jährlich auslichten und einkürzen sollte, damit sie handlich bleiben. Schneiden Sie dabei aber nur die Hälfte der Triebe auf einmal zurück, da die Blüten am Ende der letztjährigen Triebe sitzen.

Unaussprechlich schön sind die Blütenstände der **Bougainvilleen** *(Bougainvillea)*, unvergleichlich die Leuchtkraft vor allem violetter, roter und orangefarbener Sorten. Schneidet man die straff nach oben strebenden, bedornten Triebe nach jedem Blütenschub zurück, blühen sie mehrmals pro Saison. Die von Natur aus aufs Klettern programmierten Sommergrünen lassen sich durch noch kräftigeren, konsequenten Schnitt sogar zu Stämmchen erziehen. Vernachlässigt man dagegen das Stutzen, werden die Triebe sehr lang und blühen nicht mehr in Augenhöhe, sondern weit über Ihren Köpfen, da die meisten Blüten an den Triebenden sprießen. Bougainvilleen müssen vor dem ersten Frost ins Haus.

▼ ***Ein Frucht-Vergnügen*** bescheren Ihnen mediterrane Obstbäume wie die Feigen *(Ficus carica)*. Kurios, aber wahr: Feigen blühen nicht, sondern setzen ohne Vorspiel Früchte an, die in warmen Sommern bis August reifen. Probieren Sie es auch mit einer eigenen Ernte Wollmispeln *(Eriobotrya japonica)*, Kakis *(Diospyros kaki)* oder Dattelpflaumen *(Ziziphus jujuba)* – köstlich!

◄ ***Für Naschkatzen*** sind Zitruspflanzen *(Citrus)* genau das Richtige, denn die Früchte sind nicht nur Augen-, sondern auch Gaumenschmaus. Das gilt ebenso für die kleinen, häufig angebotenen Sorten wie Calamondin-Orange (× *Citrofortunella mitis*, im Bild) und Chinotto *(Citrus aurantium* var. *myrtifolia)*. Ihr Fruchtfleisch ist sauer, lässt sich aber hervorragend zum Kochen verwenden.

Schön & praktisch

zugleich ist das Motto mediterraner Gärten. Sie sind nicht nur zum Betrachten, sondern vor allem zum Benutzen da. Und dazu gehört, dass man laufend etwas ernten kann: würzige Gerüche und frische Würze für Speisen, Schatten in heißen Stunden und leckere Früchte zum Naschen. Setzen Sie im mediterranen Topfgarten deshalb nicht nur auf florierende Blütenpflanzen, sondern vor allem auf Blattschmuckpflanzen und Obstbäume.

► ***Königlich*** entspannen können Sie im Schatten von Palmwedeln – hier: der Zwergpalme *(hamaerops humilis)*. Palmen wachsen in den Anfangsjahren sehr langsam. Erst wenn die Stammbildung einsetzt, beschleunigt sich der Zuwachs, beträgt aber auch dann meist nur einen Blattkranz oder 5–10 cm Stammhöhe pro Jahr. Wer unter seiner Palme sitzen möchte, sollte deshalb mit größeren Exemplaren einsteigen.

▲ ***Veteranen*** im Topfgarten sind die Oliven *(Olea europaea)*, denn auch hier können sie richtig alt werden, zumal ihre Pflege einfach ist und sie weder Trockenheit noch etwas Nässe übel nehmen. Damit die Kronen aber schön dicht wachsen, ist bei den Graulaubigen eine strenge Hand beim Schnitt nötig. Sonst entwickeln Oliven lange, dünne Zweige, die so gar nicht knorrig wachsen, wie man es sich von einer Olive wünscht.

Mit weißem Sternjamsin *(Trachelospermum)*, gelber Bougainvillee *(Bougainvillea)*, Gewürzrinde *(Senna corymbosa)*, rotorangen Wandelröschen (Lantana) und früchtebehangener Zitrone *(Citrus limon)* ist es zu Hause so schön wie im Urlaub.

Ein Ferienhauch weht durch Ihren Garten, wenn Sie Pflanzen mit typisch **mediterranen Düften** verwenden wie Lorbeer *(Laurus nobilis)*, Lavendel *(Lavandula angustifolia)*, Salbei *(Salvia officinalis)* oder Rosmarin *(Rosmarinus officinalis)*, die den einen an die Provence, den anderen an Sizilien oder die Costa Brava denken lassen und die Urlaubserinnerungen lebendig halten. Rosmarin ist im Topf nicht sicher winterfest, weshalb man ihn besser in den Garten auspflanzt und schützt oder die Töpfe frostfrei überwintert. Für würzige Aromen sorgen ebenso Myrten *(Myrtus communis)*, für herbe Noten Zistrosen *(Cistus*-Arten) und Mastixsträucher *(Pistacia lentiscus)*. Liebliche Töne schlagen der kletternde Jasmin *(Jasminum officinale)* und Sternjasmin *(Trachelospermum jasminoides)* oder die Klebsame *(Pittosporum tobira)* und Duftblüten *(Osmanthus fragarans)* aus der Reihe der Sträucher an.

Typisch mediterran empfinden wir auch **markante Kronenformen** wie die der schlanken Mittelmeer-Zypresse *(Cupressus sempervirens)* und die breiten Schirmkronen der Pinien *(Pinus pinea)*. Beide sind dauerhafte Topfgäste, brauchen aber einen Sonnenschutz, wenn sie im Freien überwintern. Lassen Sie die Erde zu keiner Jahreszeit austrocknen.

Ohne Rückflugticket können Sie Ihren »Urlaub zu Hause« buchen, wenn Sie den mediterranen Kübelgästen **winterfeste Stauden** zur Seite stellen. Hier kommen vor allem farbenprächtige Arten wie die Flammenblumen *(Phlox*-Paniculata-Hybriden), Spornblume *(Centranthus ruber* 'Coccineus'), Brennende Liebe *(Lychnis chalcedonica)* oder Bartfaden *(Penstemon barbatus)* in feuerroten Tönen in Frage. Aber auch Vertreter mit großen gelben Blüten sorgen für fröhlich-sonnige Urlaubsstimmung: Missouri-Nachtkerze *(Oenothera macrocarpa)*, Gold-Wolfsmilch *(Euphorbia polychroma)*, Goldsturm-Sonnenhut *(Rudbeckia fulgida* var. *sullivantii* 'Goldsturm'), Wüstengoldaster *(Eriophyllum lanatum)*, Gold-Garbe *(Achillea filipendulina* 'Parker'), Mädchenaugen *(Coreopsis*-Arten) und Taglilien *(Hemerocallis*-Hybriden) in gelben Sorten. Gräser prägen weite Landstriche dieses Planeten – so auch den Mittelmeerraum. Dementsprechend sind filigrane, feinhalmige Ziergräser wie Silberährengras *(Achnatherum calamagrostis)*, Atlas-Schwingel *(Festuca mairei)*, Blaustrahlhafer *(Helictotrichon sempervirens)* oder Herbst-Kopfgras *(Sesleria autumnalis)* eine schöne Ergänzung für mediterrane Topfgärten.

Asiatische Topfgärten: Harmonie & Eleganz

Kissen laden ein, auf den Stahlrosten über dem Wasser Platz zu nehmen. Die Begrünung ist dezent und beschränkt sich auf Blauregen *(Wisteria)*, Keulenlilie *(Cordyline)*, Zeder *(Cedrus)*, Kiefer *(Pinus)* und Ahorn *(Acer)*.

Die asiatische Gartenkunst ist weltweit ebenso berühmt wie die europäische. Sie sieht den Garten jedoch nicht als eine Naturoase, in der die Pflanzen wachsen können, wie sie wollen, sondern als Kunstwerk. Die Pflanzen folgen strengen Mustern und übernehmen konkrete Funktionen. Dazu sind sie strikt in Form geschnitten und werden nur dann in die Gestaltung aufgenommen, wenn sie von Natur aus formschön oder architektonisch-geometrisch wachsen. Da diese oft langsam heranwachsen, sind viele dabei, die sich für die Topfkultur eignen und den Einzug des japanischen Stils in unsere Gärten erleichtern. Schließlich muss Ihnen am Ende nicht gleich der ganze Garten japanisch vorkommen – eine kleine Ecke genügt.

Nicht nur Bonsai sind typisch für asatische Gärten, sondern ebenso Arten mit natürlich-knorrigem Wuchs wie die Fächerahorne *(Acer palmatum)* in ihren vielen buntlaubigen Sorten. Da im Japanischen Topfgarten nur wenige Exemplare ihren Platz finden, sollten sie wahre Mulitalente sein. Die Fächerahorne erfüllen diesen Anspruch mit Blättern, die im Austrieb farbig sind, im Sommer sowieso und später erst recht, denn sie haben eine furiose Herbstfärbung (siehe Seite 69). Doch auch andere Kübelgäste sind zu jeder Jahreszeit attraktiv; dazu gehört der Heilige Bambus *(Nandina domestica)*, dessen Fiederblätter im Frühjahr und Herbst leuchtend rot sind und auf dessen weiße Blütenrispen rote, auffällige Beerenstände folgen.

Keine Kamelien *(Camellia)* wären ein echter Fauxpas im Japangarten. Doch nicht jeder kann diesen Schönheiten, die schon im Februar und März blühen, die passenden Bedingungen bieten. Einfacher sind Rhododendronbüsche und Azaleen im Topf zu kultivieren. Sie können das ganze Jahr im Freien bleiben und blühen im April oder Mai, wenn kein Spätfrost mehr den üppigen Flor gefährden kann.

Edle Blüten in ausgesuchten Einzelstücken ergänzen den Japangarten – vergleichbar mit der Ikebana-Floristik, bei der mit wenigen Elementen maximaler Ausdruck erzielt wird. Für den winterfesten »Japangarten im Topf« bieten sich hierfür Schwertlilien *(Iris-Barbata-Elatior)* mit ihren kunstvollen Blüten an, ebenso Rittersporne *(Delphinium*-Hybriden), Pfingstrosen *(Paeonia*-Hybriden), Christrosen *(Helleborus niger)*, Sonnenhüte *(Rudbeckia*-Arten) oder Taglilien *(Hemerocallis*-Hybriden) in gedeckten Farben unter den Stauden. Bei den winterfesten Zwiebelblumen sind Lilien *(Lilium* in Arten), Riesen-Lauch *(Allium giganteum)* sowie Schachbrettblume *(Fritillaria meleagris)* markante Solitärs. Funkien *(Hosta)* in einfarbigen Sorten und Farne (siehe Seite 93) sorgen mit ihrem Blattwerk für schönes Beiwerk. Auch sie werden stets nur einzeln eingesetzt.

Mehr als Bambus ist gefragt, wenn Sie Ihren Japangarten stilvoll einrichten möchten. Natürlich spielen die Riesengräser aus der Familie der Bambusgewächse eine wichtige Rolle, da sie mit vielen Arten und Sorten für die Topfkultur aufwarten: vom kaum kniehohen Zwerg-Bambus (z. B. *Pleioblastus fortunei*, *P. pumilus*, *P. viridistriatus)* bis hin zu mittelhohen Arten, die 2–3 m erreichen (z. B. *Fargesia/Sinarundinaria murielae*, *Sasa latifolia*, *Sasa tsuboiana*, *Phyllostachys bissetii)*. Hohe Arten, die in ihrer Heimat 10 m und mehr erreichen können, sind für die Kübelkultur wenig geeignet, da bei ihnen pro Pflanzgefäß nur wenige Halme sprießen. Neben diesen Riesen passen viele **weitere Gräser** in den japanischen Topfgarten wie Morgenstern-Segge *(Carex grayi*, 50 cm), Breitblatt-Segge *(Carex plantaginea*, 20 cm), Atlas-Schwingel *(Festuca mairei*, 60 cm), Zotten-Raugras *(Spodiopogon sibiricus*, 130 cm), Herbst-Kopfgras *(Sesleria autumnalis*, 30 cm) sowie das stattliche Chinaschilf *(Miscanthus sinensis)* mit Sorten wie ‘Silberfeder’ (200 cm), ‘Gracillimus’ (140 cm) oder ‘Zebrinus’ (180 cm) mit gelb quergestreiften Blättern.

Oben: **Bambus ist ein hervorragender Topfgast, der gleichzeitig Sichtschutz und Rückendeckung bietet. Halten Sie die Erde stets feucht und meiden Sie zugig-windige, heiße Standorte.**

Links: **Ob als Bonsai oder natürlich wachsend sind Fächerahorne *(Acer palmatum)* indivuelle Unikate, die umso knorriger wachsen, je älter sie werden. Auf einer Säule wirken wertvolle, hochbetagte Bonsai-Exemplare besonders erhaben.**

Unten: **Der Trick ist, dass die Bambushalme über die Blätter der Schwertlilien *(Iris)* gestülpt werden, solange diese noch klein sind. So wachsen sie scheinbar »durch den Bambushalm« hindurch.**

Moderne Topfgärten: außergewöhnlich & innovativ

Links: **»Klotzen statt kleckern« ist das Motto dieses kiesbedeckten Gartenzimmers, in dem Kulinarisches wie Lollo-Rosso-Salate, Erdbeeren, Tomaten, Spinat und Dill die Hauptrolle spielt.**

Rechts: **Die Bar und Küche im Freien wird von einem Wasserbecken mit Artischocke *(Cynara)* und Schwertlilie *(Iris)* begleitet.**

Das Normale ist, was momentan von den meisten Menschen praktiziert und für gut geheißen wird. Es ist bewährt, und man geht kein Risiko ein, wenn man sich der gängigen Meinung anschließt. Aber nur durch neue Ideen, durch »Querdenker« ist ein Fortschritt möglich - auch in der Gartengestaltung. Was zunächst »verrückt« erscheinen mag, hat sich schon oft zum Vorreiter einer neuen Stilrichtung gemausert, was als »exklusiv« tituliert wurde, ist zum Massentrend aufgestiegen. Die Plattform für kreaktive Leute, die etwas Neues wagen, bilden im Gartenbereich die Gartenschauen. Und zwar nicht nur die nationalen, sondern vor allem die internationalen wie die Londondener »Chelsea Flower Show«. Hier werden Mustergärten inszeniert, die Gartenplanern, Pflanzenproduzenten und Privatleuten gleichermaßen Anregungen geben, wie man das Thema Topfgarten neu betrachten und dadurch optimieren kann.

Neue Materialien

spielen dabei eine ebenso große Rolle wie neue Pflanzensorten. Derzeit halten diverse Kunststoffe Einzug in den Topfgarten, die für neonfarbene oder milchglasähnliche Effekte sorgen. Metalle in neuen Legierungen sind in Erprobung, die dem Topfgarten ein futuristisches Aussehen geben. Auch bei den Bodenbelägen tut sich viel, und so können Sie heute vom eingefärbtem Rindenmulch bis hin zu Kunstofffabrikaten aus Recyclingmaterialien und Muschelschalen aus der Miesmuschelverarbeitung auf Untergründe aller Art zurückgreifen. Bodenleuchten sind ein Trendthema, das Ihnen nicht nur den Weg durch den Garten beleuchtet, sondern auch einzelne Topfgäste mit Lichtspots betonen kann. Die Solarenergie dringt immer

Mit Blick auf das Wasserbassin sitzt man gerne länger als nur zur Teestunde. Durch die konsequente Wiederholung kommen Etagenprimeln *(Primula-*Bullesina-Hybriden) ganz groß raus. Die Ecken betonen Ligusterstämmchen und Funkien *(Hosta)*.

weiter vor, und so können Sie heute ohne Stromquelle überall im Garten Lampen und Wasserpumpen einsetzen, die ihren Strom über kleinen Solarzellen beziehen. Um die Entwicklungskosten zu decken, sind neue Produktlinien oft hochpreisig. Wer nicht zu den Vorreitern zählen möchte und etwas Geduld mitbringt, kann die Modelle zu einem späteren Zeitpunkt preiswert erwerben.

Neuentdeckungen im Bereich der Pflanzen finden auf vielerlei Wegen statt. Den größten Anteil nehmen nach wie vor Züchtungen ein. Bewährte Pflanzenarten werden auf neue Blütenfarben oder -formen hin selektiert und weiter vermehrt. Hunderte neuer Sorten werden auf diese Weise generiert, vor allem unter den einjährigen Sommerblumen. Aber auch bei leicht zu züchtenden Stauden wie den Schwertlilien *(Iris*-Barbata-Hybriden) und den Taglilien *(Hemerocallis*-Hybriden) sowie Kübelpflanzen wie Fuchsien *(Fuchsia*-Hybriden) und Engelstrompeten *(Brugmansia*-Hybriden) ist kein Ende der Neuheiten in Sicht. Die zweite Schiene ist der weltweite Handel mit Zierpflanzen. In allen Erdteilen schmücken schöne Pflanzen die Häuser, aber nicht überall sind es die Gleichen. So finden Arten aus aller Welt ihren Weg nach Europa, wo ihre Markttauglichkeit getestet wird. Dabei handelt sich vielfach um ursprüngliche Arten, die noch nicht züchterisch bearbeitet sind, also um blütenreine Geschenke der Natur. Auf diese Art und Weise kommen beispielsweise Baumfarne *(Dicksonia)* aus Neuseeland, Bambus-Arten (z. B. *Bambusa vulgaris)* aus China oder Palmlilien *(Yucca)* aus Mexiko bis in unsere Gärten. Und in innovativen Garten- und Parkanlagen werden diese Pflanzen oft privat erstmals erprobt.

Der Einsatz der Pflanzen ist die dritte Art von Neuentdeckungen. Altbekannte Topfgäste, auf eine ganz neue Art präsentiert, haben oft den gleichen Effekt wie eine echte Neuerrungenschaft. Wenn Kakteen in Hydrokultur oder Seerosen in schlanken Plexiglaszylindern wachsen, sind sie ungewöhnlich genug, um die Blicke auf sich zu ziehen. Wenn Sie Orchideen statt im Wohnzimmer im Sommer im Freien als Schmuckstücke einsetzen, was zahllose Arten vom Klima her bestens vertragen, sind sie eine außergewöhnliche, exotische Ergänzung, während Orchideen im Zimmergarten längst nicht mehr so exklusiv sind wie früher. Hängegeranien *(Pelargonium*-Hybriden) sind als Kastenpflanzen Standard und als »altbacken« verrufen. Zu mannshohen Blütensäulen aufgebunden aber werden sie selbst für ein sehr junges Publikum »fashionable«. Gleiches gilt für die Hortensiensorten *(Hydrangea*-Macrophylla-Hybriden) mit hängenden Trieben in Blumenampeln. Pflanzt man Gemüse und Kräuter in einen Hanging-Basket, sehen sie keineswegs nach »Selbstversorgergarten« aus, sondern lassen den Betrachter innehalten, um zu analysieren, welche »neuen Zierpflanzen« sich hinter buntstängeligem Mangold (siehe Seite 105), violettfarbenem Zierkohl oder graulaubigen Kräutern verbergen.

Mutig muss man sein, nicht um eine Idee zu haben, sondern um sie konsequent umzusetzen. Trauen Sie sich, Ihren Pflanzvorschlag nicht unauffällig in einer Ecke zu verstecken, sondern machen Sie ein großflächiges Gartenthema daraus. Eine ungewöhnliche Pflanzidee sollten Sie nicht nur einmal umsetzen, sondern drei oder vier Mal – oder noch öfter. In der Gruppe kommen die Dinge weit besser zur Geltung als in vorsichtigen Einzelexemplaren. Wenn Sie etwas wagen, dann wagen Sie es mit voller Überzeugung. Sicher wird die Idee nicht bei jedem Ihrer Gäste Anklang finden, deren Kritik kann aber Ansporn zur Verbesserung sein. Da die Geschmäcker bekanntlich verschieden sind, dürfen Sie auch nicht jeden Kommentar auf die Goldwaage legen, sondern sollten zu dem stehen, was Ihnen persönlich gefällt. So bleibt Ihr individueller Topfgarten authentisch!

Kaufen können Sie die Zutaten für neue Ideen häufig nicht. Stattdessen wendet man sich für die Projekte an örtliche Handwerksbetriebe und lässt spezielle Pflanzgefäße vom Schlosser oder Schreiner fertigen. Wenn Sie selbst genügend Geschick und das nötige Werkzeug haben, können Sie Ihre Versuche natürlich auch selbst umsetzen. Aber gehen Sie dabei bitte keine zu großen Kompromisse an das Endergebnis ein. Ihre Idee sollte möglichst orgiginalgetreu realisiert werden, sonst gefällt sie am Ende nicht, weil die Ausführung mangelhaft ist, das Ziel aber genial gewesen wäre. Alternativ baut man zunächst einen Prototyp, testet und optimiert ihn und fertigt erst dann ein »Serienmodell« an.

Die Welt täglich neu zu erfinden macht keinen Sinn, und nicht jeder kann kreativ sein. Doch das Internet ist eine Fundgrunde für Anregungen aus aller Welt. Auch Einzelkünstler finden hier Plattformen, die es ihnen ermöglichen, ihre Objekte einem breiten Publikum vorzustellen, was noch vor wenigen Jahren sehr schwierig war. Nutzen Sie also das Internet, um sich über Neuheiten und neue Trends bei Accessoires und Pflanzen zu informieren.

Wer das Schachspiel liebt, wird von dieser Idee begeistert sein und die Sukkulenten in kleinen Pflanzvasen als Schachfiguren einsetzen.

Spitze sind Gefäße, bei denen man zunächst gar nicht weiß, wie sie im Boden verankert sind. Die Lösung: Die Spitzen sind als Schrauben verlängert, mit denen man die Kegel senkrecht in den Boden dreht. Als Bepflanzung dienen schönblättrige Funkien *(Hosta)*. Helle Holzspäne als Abdeckung der Töpfe und des Bodens bewirken, dass sich die Töpfe besser von ihrer grünen Umgebung abheben.

◄ **Alles Agave,** oder was, ist das Motto dieser Topfreihe in Blech. Kieselsteine decken die Topferde ab und halten die Blattansätze der gelbrandigen Agaven-Blätter *(Agave americana* 'Variegata') trocken. Pfiffig sind die Schaukästen im Terrassenbelag, die mit trittfesten und wasserdichten Glasplatten belegt sind. Da die Aufheizung im Inneren zu groß wäre, »wachsen« hier statt echtem Rasen Kunstrasenmatten.

Innovative Lösungen

müssen die Dinge nicht neu erfinden, sondern nur neu kombinieren. Altbekannte Pflanzen und klassische Töpfe werden so zum Ausdruck Ihrer Kreativität. Die Umsetzung braucht gar nicht teuer sein, wenn Sie auf Gefäße vom Flohmarkt oder Schrottplatz zurückgreifen. Bei den Pflanzen ist es wichtig, dass Sie keine kleinen Exemplare verwenden, sondern die Größe wählen, die noch im gleichen Jahr zum gewünschten optischen Effekt führt.

► **Von der Heilpflanze** zur Topf-Diva führt derzeit der Weg der Echten Aloe *(Aloe vera)*. Ihre Inhaltsstoffe sind in der Kosmetik hoch geschätzt und werden für diverse medizinische Zwecke eingesetzt. Als Zierpflanze ist ihr Wert ebenso hoch, vor allem, wenn man den grauen Schleier der sukkulenten Blätter mit Blech-oder Bleigefäßen kombiniert. Als Podest dient hier keine Säule, sondern ein umgedrehter Topf gleichen Modells.

▲ **Die Beatles** sind nicht nur für ihre Musik, sondern auch wegen ihrer Pilzfrisuren weltberühmt geworden. Den Haarbüscheln der Schopfsegge 'The Beatles' *(Carex caryophyllea)* steht vielleicht eine ähnliche Karriere bevor. In großen Töpfen wachsen ihre Horste zu dichten Büscheln oder zu kleinen »Wiesen« heran, die in der Sonne wie im Halbschatten zurechtkommen. Die Pflege ist denkbar einfach, da selbst kurze Trockenheit kein Problem ist.

Pflanzen
& Pflegen

Ein- und Umtopfen

Das A & O der richtigen Pflege

Wenn sich Wurzeln am Topfboden »stauen« und in Spiralen wachsen, ist es ebenso höchste Zeit zum Umtopfen wie bei Pflanzen, deren Feinwurzeln die Erde mit einem dichten Filz durchziehen.

Ist die Wurzel gesund, freut sich der Mensch, denn dann ist es die Pflanze auch. Schäden an den Blättern und Zweigen kann eine Pflanze durch neuen Austrieb gut ausgleichen, solange die Wurzeln die nötigen Stoffe dazu liefern. Ist aber die Wurzel geschädigt, hilft das beste Blattwerk nichts: Dann ist die Pflanze massiv geschwächt.

Gut gebaute Wurzeln brauchen deshalb ausreichend Platz. Wenn das Wurzelgeflecht so dicht geworden ist, dass mehr Wurzeln als Erde zu sehen sind, wird es Zeit zum Umtopfen. **Der beste Zeitpunkt** bei langlebigen Topfpflanzen sind die Monate Februar, März und April: kurz vor oder während des frischen Austriebs der Pflanzen. Mit einem neuen Topf und frischer Erde geben Sie ihnen ein Startpaket auf den Weg, mit dessen Hilfe sie kraftvoll in die neue Saison hineinwachsen können. Vernachlässigt man das Umtopfen, schnüren sich die Wurzeln gegenseitig Wasser und Nährstoffe ab: Das Wachstum stoppt, noch ehe es begonnen hat, obwohl Sie die Pflanzen korrekt mit Wasser und Dünger versorgen. Im Sommer können Sie Versäumtes nachholen. Nach Juli sollte man das Umtopfen jedoch aufs nächste Jahr verschieben. Wählen Sie den neuen Topf jeweils eine Nummer größer. Übertreiben Sie aber nicht: In zu üppigen Töpfen bleibt die Erde lange undurchwurzelt, und die Gefahr von Wurzelfäulnis durch Dauernässe steigt.

Gute Topferde zeichnet sich durch einen hohen Anteil von »Steinchen« aus, die sie locker hält, auch wenn sie feucht ist. Verwenden Sie nur frische Erde. Gebrauchte ist ausgelaugt und kann Krankheiten oder Schädlingsnester enthalten.

Hochwertige Erde ist im Topfgarten das A und O. Leider versprechen die Verkaufsverpackungen oft mehr, als die Erde darin hält. Prüfen Sie die Angebote kritisch. Eine gute Topferde enthält nicht nur Torf oder Humus, sondern viele mineralische Bestandteile wie Blähtonbruch, Lavagrus, groben Sand etc., die sie dauerhaft durchlässig und stabil hält, das heißt, sie sackt nicht in sich zusammen.

Sträucher topft man um, ohne die Wurzeln anzutasten. Lösen Sie die Wurzeln samt Erde (Ballen) im Ganzen aus dem alten Gefäß und setzen Sie sie direkt in den neuen Topf – ohne die Wurzeln zu lockern, abzuschneiden oder alte Erde abzukratzen. Denn dadurch könnten wichtige Feinwurzeln beschädigt werden. Wichtig ist die Pflanzhöhe. Der Ballen darf weder zu tief noch zu hoch im Topf sitzen. Optimal ist es, wenn die Ballenoberfläche 2 cm Abstand zum Topfrand hat. »Versinkt« die Pflanze im Topf, bekommen die unteren Blätter zu wenig Licht. Steht die Erde am Topfrand an, kann man kaum gießen, da das Wasser sofort wegrinnt oder Erde abgeschwemmt wird. Wichtig ist auch, dass Sie die Stamm- oder Zweigansätze nicht mit Erde anhäufeln und die Wurzelansätze nach dem Umtopfen nicht frei liegen. Die Erdeinfüllung muss genau so sein, dass sie zwischen Wurzel- und Stammansatz abschließt. Angeschüttete Rinde kann bei empfindlichen Arten faulen. Blanke Wurzeln, die dem Sonnenlicht ausgesetzt sind, sterben in diesem Fall ab oder verlieren ihre Funktion.

Stauden pflanzt man nur die ersten drei bis vier Lebensjahre auf die gleiche Weise um wie Sträucher (siehe Bildfolge unten). Danach bleibt der Ballen beim Umtopfen nicht unangetastet, sondern wird zerteilt. Dazu reißt man die Wurzeln mit den Händen vorsichtig auseinander, durchtrennt sie mit einem Messer oder einer Säge. Versuchen Sie dabei, möglichst keine dicken Wurzeln oder oberirdische Blattbüschel zu durchtrennen, sondern drücken Sie diese vor dem Zerteilen möglichst weit auseinander. Nach dem Teilen wird nur eines der kräftigsten Stücke in den Topf zurückgesetzt. Schwache Teile behan-

① Achten Sie darauf, dass der Topfboden Löcher hat, und füllen Sie frische Kübelpflanzenerde ein.

② Die Stauden werden mitsamt der Wurzeln und Erde vorsichtig aus ihren Töpfen gelöst.

③ Jakobsleiter *(Polemonium)*, Rittersporn *(Delphinium)* und Storchschnabel *(Geranium)* einpflanzen.

④ Drücken Sie die eingefüllte Erde gut fest, damit sie die Wurzeln umschließt, und gießen Sie gut an.

Blumenzwiebeln setzt man ab August in frische, sandige und vor allem durchlässige Erde Halten Sie etwa gleichen Abstand unter den Zwiebeln ein, damit sie gleichmäßig sprießen und sich nicht gegenseitig bedrängen.

delt man zunächst wie Jungpflanzen, die sorgsam herangezogen werden, bevor sie in dekorative Gefäße umsiedeln. Was an Ablegern zu viel ist, setzt man in den Garten, tauscht sie im Freundes- oder Bekanntenkreis oder verschenkt sie. Auf diese Weise halten Sie Ihre Stauden blühfreudig und fit. Ungeteilte Stauden vergreisen mit den Jahren, verkahlen oder lassen mit der Blüte nach. Das regelmäßige Teilen hält sie jung.

Zwiebelblumen für die

Frühlingsblüte wie Narzissen und Tulpen pflanzt man zu einer sehr ungewöhnlichen Jahreszeit: im Spätsommer zwischen August und Oktober. Der Grund ist die besondere Lebensweise dieser Pflanzen, die nicht erst Blätter bilden und Energien aufbauen müssen, bevor sie blühen. Sie entnehmen die Kraft aus ihren Speicherorganen und setzen noch während es draußen kalt ist mit Blatt und Blüte an. Pflanzt man sie im Spätsommer in Erde, wurzeln sie gut an und sprießen schon ab März. Eine Pflanzung im Frühling käme zu spät. Wichtig beim Einsetzen ist die Richtung. Die Zwiebeloberseite verrät sich meist durch eine kleine Spitze, an der Unterseite haften Wurzelreste. Da Zwiebeln auf Dauernässe mit Fäulnis reagieren, ist es günstig, sie auf ein Sandbett zu legen.

Durchlässige Pflanzerde ist auch hier in jedem Fall Pflicht. Als Grundregel für die **Pflanztiefe** gilt, dass die Zwiebeln ebenso hoch mit Erde überdeckt sein sollten wie sie selbst hoch bzw. dick sind. Kleine Fehler schaden nicht: Die Zwiebeln oder Knollen ziehen oder schieben sich mit Hilfe ihrer Wurzeln in die richtige Höhe. Durch die Pflanzregel ergeben sich unterschiedliche Tiefen: dicke Zwiebeln werden tiefer, kleine flach eingesetzt. Dadurch ist ein Schichtaufbau möglich, vergleichbar mit einer Lasagne. So können Sie in einem Topf mehrere Lagen Zwiebeln einschichten, die zu besonders dichten Pflanzenpulks mit vielen Blüten heranwachsen.

Einjährige Pflanzen sind in

Sachen Umtopfen einfach zu handhaben, da man sie nur in den ersten Wochen mehrfach umpflanzt, danach nicht mehr, da sie mit Wintereinbruch ohnehin absterben. Die Samen einjähriger Sommerblumen streut man zumeist in Saatschalen aus. Keimen sie, stehen sie meist sehr eng und treiben sich aus Lichtmangel gegenseitig in die Höhe, was sie dünn und standschwach macht. Deshalb **vereinzelt** man die Keimlinge, sobald sie ihr erstes Laubblattpaar entwickelt haben. Diesen Vorgang nennt man **Pikieren.** Gehen Sie dabei sehr vorsichtig vor, um die zarten Wurzeln nicht abzureißen oder die Stielchen zu knicken. Der erste eigene Topf für jeden Keimling sollte recht klein sein. Er wird rasch durchwurzelt, und schon nach zwei bis drei Wochen brauchen die Kleinen ein leicht größeres Gefäß. Bis zum Beginn der Freilandsaison im Mai pflanzen Sie auf diese Weise starkwüchsige Arten drei bis viermal um, das letzte Mal jeweils in den Topf, in dem sie den Rest der Saison verbringen werden. Damit sie schön kompakt wachsen, sollte man ihre Triebspitzen mehrfach kappen. Das regt zu neuen Verzweigungen und damit zu mehr Blüten an.

Wasserpflanzen für

Mini-Teiche in Töpfen werden erst im Mai eingesetzt, wenn sich das Wasser bereits erwärmt hat. Verwenden Sie spezielle Teichpflanzenerde, die ungedüngt ist und somit keine Algen fördert.

Schrubben Sie Tontöpfe gründlich ab, bevor Sie sie wieder verwenden. In den Belägen können Pilzsporen und andere Krankheitserreger schlummern.

Der Krug geht so lange zum Brunnen, bis er bricht, ein Topf beherbergt Pflanzen viel länger. **Risse** können Sie bei Tontöpfen mit Fliesenkleber kitten. Oder Sie umspannen gerissene Töpfe mit Drähten, Kunststoffbändern oder Metallschellen, die den Druck der Erde und Wurzeln auffangen, wenn es die Topfwände nicht mehr können. Legen Sie die Stützkorsette jeweils über die breiteste Stelle des Topfes.

Auch Töpfe brauchen Pflege, um lange schön und haltbar zu bleiben. Da geht es den ganz kleinen Tontöpfen nicht anders als den großen Terrakotta-Stars. Bei allen lagert sich **Kalk** an den Wänden ab – und im Schlepptau grüne Beläge aus **Algen** und Kleinstorganismen. Der Kalk stammt zum einen aus den Töpfen selbst, die aus tonigem Material bestehen, das Kalk enthält. Es wird durch verdunstendes Wasser ebenso zu den Poren nach außen transportiert, wo es sich in Schichten ablagert, wie der Kalkgehalt von Leitungswasser. Der eine mag diesen Belag und nennt ihn liebevoll »Patina«. Damit er schneller ansetz, kann man die Topfwände mit Joghurt oder Buttermilch einreiben und schattig stellen. Der andere möchte den Belag so schnell wie möglich wieder los werden. Um sich das Putzen und Schrubben zu erleichtern, sollten Sie die Töpfe über Nacht in leicht saures Wasser legen, z. B. indem man einen Schuss Essig beigibt. Auch abgestandenes Kartoffelwasser ist geeignet. Zum Reinigen sollten Sie keine scharfen Putzmittel verwenden, da diese in die Tonporen eindringen und später an die Erde und damit an die Pflanzenwurzeln abgegeben werden können. Verwenden Sie stattdessen mit neutraler Schmierseife angereichertes Wasser und eine kräftige Wurzelbürste.

Gerissene Töpfe müssen Sie nicht gleich wegwerfen. Ein stabiles Kunststoffband, wie man es für das Verzurren von Paketen verwendet, gibt den Wänden Halt. Gleiches tut eine Metallschelle.

Gießen mit Gefühl

Feuchtigkeit passend dosieren

Pflanzen wie Oleander *(Nerium oleander)* dürfen beim Gießen einen Vorrat im Untersetzer erhalten, da sie viel Wasser verbrauchen und die Erde die Nässe rasch aufsaugt. Bei nässeempfindlichen Pflanzen darf nichts im Untersetzer verbleiben.

Gefühl ist beim Gießen das Zauberwort. Nicht die Masse macht's, sondern die Kontinuität. Es bringt nichts, seine Pflanzen den einen Tag überreich mit mehreren Kannen voll zu versorgen, dann aber wieder tagelang gar nicht. So stehen die Pflanzen wechselweise viel zu nass und wieder viel zu trocken. Ein geregeltes Wachstum und eine anhaltende Blüte ist hier nicht möglich. Besser ist es, Sie sehen jeden Tag nach dem Rechten, oder: Sie fühlen, ob die Erde der einzelnen Pflanzen bereits abgetrocknet ist und Nachschub braucht, oder ob die Erde noch feucht ist und man einen Tag oder mehrere mit dem Wässern aussetzen kann. Dabei ist jede Pflanze und jede Jahreszeit anders. Arten, die in kleinen Töpfen stehen, brauchen schneller Nachschub als solche in großen. Exemplare an sonnigen Plätzen trocknen rascher aus als solche an schattigen. Neben ausgesprochen durstigen Arten gibt es von Natur aus solche, die mit wenig auskommen (siehe Seite 86 ff.).

Sie können also in keinem Fall all Ihre Pflanzen über einen Kamm scheren und nach »Schema F« gießen. Vielmehr muss derjenige, der jederzeit perfekt blühende Pflanzen haben möchte, jede einzelne als Individuum betrachten – und dementsprechend individuell gießen. Nicht nur die Häufigkeit, auch die Menge ist unterschiedlich. Während kleine Töpfe schon mit einem Liter nass sind, brauchen große oft viele.

Das Beste ist gerade gut genug, und das ist für Ihre Pflanzen **Regenwasser**. Es ist kalkarm, aber nicht kalkfrei, denn ganz ohne Kalk würden sich Ihre Pflanzen auch nicht wohl fühlen. Ist der Kalkgehalt im Wasser zu hoch, reichert sich Kalk in der Erde an. Man spricht von einem steigenden **pH-Wert**. Ein zu hoher pH-Wert erschwert es den Pflanzenwurzeln, bestimmte Spurenelemente wie

Stark ausgetrocknete Erde nimmt nur schwer wieder Wasser auf. Besser ist es, die Töpfe zu tauchen, damit die Erde das Wasser aufsaugt und quillt.

Eisen aus dem Boden aufzunehmen. Die Folge sind fahlgelbe Blätter trotz optimaler Düngung. Sammeln Sie deshalb Regenwasser in großen Tonnen, in denen es abstehen und sich selbst reinigen kann, da Schwebstoffe zu Boden sinken, und wo es sich auf die Umgebungstemperatur erwärmt. Wenn Sie kein Regenwasser zur Verfügung haben, sondern nur **Leitungswasser**, können Sie in jeder Gießkanne etwas Essig beimischen, den Sie preiswert in jedem Lebensmittelgeschäft bekommen: etwa 10 ml auf 10 Liter Wasser. Das Entkalken des Wassers mit eingehängten Torfsäckchen ist recht mühsam, ebenso das Filtern des Gießwassers über Kohlefiltern.

Alles zu seiner Zeit,

aber **am besten morgens oder abends.** Diese Gießregel ist leider nicht immer einzuhalten, aber man kann es ja wenigstens versuchen. Am Morgen sind die Pflanzen von der Nacht noch kühl und können das Wasser gut aufnehmen, ohne dass es gleich verdunstet, wie dies in den Mittagsstunden der Fall wäre. Mit dieser morgendlichen Gabe gehen die Pflanzen gestärkt selbst in sehr heiße und lange Tage. Bei abendlichem Gießen gilt ähnliches: Die Verdunstung ist gering, und die Wurzeln können während der Dunkelheit richtig auftanken. Wenn Sie aber nur zu anderen Tageszeiten zum Gießen kommen, ist das allemal besser, als bis zum Folgetag zu warten und die Pflanzen darben zu lassen. Wenn es nicht anders geht, sollten Sie auch am frühen Nachmittag zum Gießschlauch greifen und die Pflanzen mit temperiertem Regenwasser versorgen. Die Wurzeln sind dann zwar erhitzt und das Gießwasser vergleichsweise kühl, viele Wurzeln nehmen diese Kühlung jedoch überaus dankend an. Nur tropische Arten können hier zuweilen empfindlich reagieren. Befolgen Sie eine Regel immer und unbedingt: Gießen Sie **bei Sonnenschein und großer Hitze nicht über die Blätter!** Erst wenn die Strahlung nachlässt, ist eine Blattdusche für Ihre Pflanzen dann eine Wohltat, wenn es wochenlang nicht oder kaum geregnet hat, und sich eine Staubschicht auf den Blättern abgelagert hat. Ein Überbrausen der Blätter erhöht zudem die Luftfeuchte, die vor allem für Schatten liebende Pflanzen (siehe Seite 90) fast ebenso lebenswichtig ist wie die Bodenfeuchtigkeit.

Automatische Bewässerungssysteme sind nicht teuer und einfach zu installieren. Kontrollieren Sie jedoch regelmäßig die Ausflussmengen und reinigen Sie die Leitungen, damit Ihre gut versorgt geglaubten Pflanzen nicht unbemerkt Mangel leiden.

Gießhilfen

erleichtern Ihnen die tägliche Pflicht. Es macht selbst auf Balkon und Terrasse schon Sinn, einen Gießschlauch zu installieren, anstatt schwere Kannen schleppen zu müssen. Hochstehende Töpfe erreichen Sie mit abgewinkelten **Gießbrausen**, ohne auf Leitern klettern zu müssen. Der Wunsch vieler Topfgärtner ist eine automatische Bewässerung. Da kleine **Bewässerungscomputer** längst nicht so kostenintensiv sind, wie man glauben mag, und einfach zu bedienen sind, sollten Sie sich die Pflege nicht zu spät erleichtern. Denn auch Ihren Pflanzen tut eine solche Bewässerung wohl, da sie kontinuierlich ist. Sie bekommen täglich Wasser, auch wenn Sie selbst unterwegs oder verhindert sind. Da jede Pflanze eigene Tropfer erhält, die sich von ihrer Anzahl und Abgabemenge her steuern lassen, kann jede Pflanze individuell versorgt werden. Gleiches gilt für Systeme, die mit Tensiometern funktionieren: **Tonkegel,** die die Bodenfeuchtigkeit messen und Wasser anfordern, sobald diese unter einen kritischen Wert sinkt.

Düngen wie ein Profi

Nährstoffe sind lebenswichtig

Messen Sie die Menge mit der Dosierhilfe, die Sie mit dem Dünger kaufen, exakt ab. Zu viel davon bringt Ihren Pflanzen nichts, im Gegenteil: Es kann zur Versalzung der Erde führen.

So wichtig wie das tägliche Brot ist für Ihre Pflanzen die regelmäßige Versorgung mit Nährstoffen. Leiden sie Mangel, können sie weniger Energie aufbauen, da ihnen wichtige chemische Bestandteile für die Photosynthese fehlen. Das Wachstum und die Blüte stoppt, die Pflanzen werden anfällig für Krankheiten und Schädlinge, da ihre Abwehrkräfte geschwächt sind. Versuchen Sie deshalb unbedingt möglichst regelmäßig und wohl dosiert zu düngen.

Über kurz oder lang findet jeder für sich heraus, ob die Düngung mit Sofort- oder Langzeitdünger für Sie die bessere Methode ist. **Sofortdünger** sind in flüssiger Form oder als Pulver erhältlich. Beide werden in der auf der Packung angegebenen Dosierung ins Gießwasser gemischt. Achten Sie darauf, dass sich die Fabrikate gut auflösen und gleichmäßig im Wasser verteilen. So ist gewährleistet, dass die Nährstoffe auch in der Erde gut verteilt und zu den Feinwurzeln gespült werden, die sie aufnehmen.

Einmal für immer wirken **Langzeitdünger**, die je nach Wirkungszeit ein- oder zwei Mal pro Saison auf die Erde gegeben werden. Es sind kleine gelbe Kügelchen, in deren Innerem sich ein Vorrat an wichtigen Nährstoffen befindet. Die Schutzhülle löst sich unter dem Einfluss aus Feuchtigkeit und Wärme langsam auf und gibt wie eine permeable Membran die Nährstoffe an die umgebende Erde ab. Die Menge ist abhängig von der Aktivität der Pflanzenwurzeln. Ist das Wetter kalt und trüb, werden wenig Nährstoffe abgegeben, ist es warm und sonnig, viele. So sind Ihre Pflanzen zu jeder Zeit optimal versorgt. Da Langzeitdünger etwa drei Wochen Vorlaufzeit brauchen, bis ihre Wirkung einsetzt, sollte man sie ab Anfang März auf die Topfpflanzen streuen

Lösen Sie Dünger in Pulverform zunächst sorgfältig in Wasser auf, bevor Sie ihn dem Gießwasser zugeben. Nur so kann man sicher sein, dass die Nährstoffe gleichmäßig verteilt werden.

und leicht in die oberste Erdkrume einarbeiten. Sind die Düngekügelchen zu Kegeln oder Pellets zusammengefasst, drückt man diese ganz in die Erde. Dazu mit einem Stab Löcher vorbohren. Verwenden Sie für den Topfgarten nur Dünger, deren Langzeitwirkung maximal sechs Monate beträgt, da bei überwinternden Arten der Nährstoffnachschub im Verlauf des August stoppen sollte. Wenn Sie Ihre Pflanzen in Wintergärten einstellen, kann die Wirkzeit acht Monate betragen. Bei stark zehrenden Pflanzen ist im Sommer häufig eine Nachdüngung erforderlich.

Pflanzen, die viel Dünger brauchen

(zwei Sofortdüngergaben pro Woche von April bis August)

- **Engelstrompete** *(Brugmansia)*: 2–3 m, Blüten verschieden, 6–8*)
- **Oleander** *(Nerium oleander)*: 1,5–2 m, Blüten verschieden, 5–8
- **Enzianstrauch** *(Lycianthes)*: 1,5–2 m, Blüten lilablau, 5–9
- **Petunie** *(Petunia*-Hybriden): 0,3 m (hängend), Blüten verschieden, 5–9
- **Buchs** *(Buxus sempervirens)*: 0,30–2 m, Blüten gelb, 4–5, duftend
- **Wunderbaum** *(Ricinus communis)*: 1,5–2 m, Blüten rot, 7–8
- **Hammerstrauch** *(Cestrum elegans)*: 1,5–2,5 m, Blüten rot/lila/gelb, 6–9
- **Gewürzrinde** *(Senna/Cassia)*: 1,5–2,5 m, gelb, 7–9
- **Veilchenstrauch** *(Iochroma)*: 1,5–2,5 m, Blüten lilablau, 6–9

*) Blütezeit in Monaten

Langzeitdünger sind praktisch, da sie Ihre Pflanzen mit nur einer Gabe monatelang versorgen. Angeboten werden sie als lose Kügelchen, Sticks oder Kegel, die im März in die Erde gesteckt werden.

Übertreiben Sie es nicht

mit dem Düngen, denn Dünger sind chemisch gesehen Salze, die sich im Boden anreichern. Düngen Sie zu viel oder zu häufig, kann es zu »Verbrennungen« an den Wurzeln kommen: Die Zellen werden angegriffen wie von einer Säure. Halten Sie sich deshalb möglichst genau an die Angaben der Hersteller und versuchen eine genaue Dosierung. Das gilt auch für Pflanzen, die viel Dünger verbrauchen: Sie werden nicht höher konzentriert gedüngt, sondern häufiger nachgedüngt, indem Sie bei Sofortdüngern nicht ein Mal pro Woche düngen, wie es von Mitte April bis Ende August üblich ist, sondern zwei Mal (siehe Tabelle links).

Mit wenig Dünger

kommen zum einen Pflanzen aus, die langsam wachsen wie die Palmen, zum anderen solche, die Nährstoffspeicher in ihrem Gewebe anlegen wie die Sukkulenten. Zwiebelblumen kommen ebenfalls mit einem Minimum an Nährstoffen aus, da sie sie in ihren unterirdischen Zwiebeln, Knollen oder Rhizomen horten. Bei ihnen genügt es, sie nach der Blüte, wenn die Blätter voll entwickelt sind, alle 14 Tage zu düngen, bis das Laub wieder welkt. Stauden in Töpfen brauchen ebenfalls weniger Nährstoffe als Sommerblumen und üppig blühende Kübelpflanzen. Für sie genügt ein 14-tägiger Rhythmus, für Farne beispielsweise sogar ein monatlicher.

Mehr Blüten durch Mangel

ist ein Phänomen im Pflanzenreich. Sind Ihre Pflanzen rundum zu gut versorgt, bilden sie zwar viele Sprosse und Blätter, aber keine Blüten. Man könnte sagen: Sie haben es nicht nötig. Eine »Mangelkur«, bei der Sie mit dem Düngen aussetzen, kann blühfaule Pflanzen zur Blüte anregen, zum Beispiel Schmucklilien *(Agapanthus)* oder Zitruspflanzen *(Citrus)*. Sie sollte jedoch nur von Pflanzenerfahrenen angewendet werden.

Schnitt hält fit

Pflanzen schneiden ist nicht schwer

Damit Bougainvilleen-Stämmchen in Form bleiben, kürzt man zu lange Zweige schon während des Sommers laufend ein. Im Frühling vor dem neuen Austrieb führt man dann abermals einen Korrekturschnitt durch.

Je schnittiger sie sind, umso schöner sind Ihre Topfsträucher – und umso weniger Platz beanspruchen sie, der meist nicht überreich zur Verfügung steht, vor allem nicht im Winterquartier. Greifen Sie deshalb jederzeit und beherzt zur Schere. Je häufiger Sie die Spitzen stutzen, umso mehr neue Verzweigungen bilden sich: Die Pflanzen wachsen buschig und dicht. Vernachlässigt man dagegen das Stutzen, werden einzelne Triebe sehr lang und stören das Kronenbild. Größere Sträucher verkahlen dann oft von unten heraus und sehen aus wie gerupft.

Lieber häufig wenig als selten viel ist das Motto beim Schnitt. Der Grund: Wenn Sie mehrmals im Jahr zur Schere greifen, schneiden Sie immer nur die jungen Triebe, die man als »junges Holz« bezeichnet. Es regeneriert sehr schnell und treibt willig wieder aus. Schneidet man dagegen ins alte, also mehrjährige Holz, treibt dies oft nur zögerlich aus, die Neubestockung mit Zweigen und Blättern dauert vergleichsweise lange. Deshalb ist es das Ziel, den Schnitt möglichst ins junge Holz zu setzen. Vor allem bei starkwüchsigen Arten wie den Nachtschattengewächsen genügt dazu nicht ein Schnitt pro Jahr im Frühling. Hier sollten Sie auch während des Sommer die Klingen wetzen und zu Langes sofort einkürzen. Der Blüte tut das keinen Abbruch: An den neuen Verzweigungen bilden sich neue Knospen.

Völlig aus der Form geratene Kronen können Sie einem **Radikalschnitt** im Frühling vor dem frischen Austrieb unterziehen (Februar oder März). Der Herbst ist hierfür der schlechtere Zeitpunkt. Da die Pflanzen zu dieser Jahreszeit wenig aktiv sind, heilen die Schnittwunden kaum bis gar nicht. Sie müssen sich jedoch im Klaren darüber sein, dass stark gestutzte Kronen im Jahr des Rückschnitts nicht die volle Blüte bringen und sich das Blattwerk nicht lückenlos schließt. Deshalb sollte ein Radikalschnitt nur die letzte Lösung sein. Planen Sie besser einen regelmäßigen, also mindestens jährlichen und maßvollen Frisör-Termin für Ihre Pflanzen ein.

Der richtige Ansatz beim Rückschnitt entscheidet sich an der Kronenform und am einzelnen Ast. Abgesehen von Formschnittpflanzen, die entgegen ihres natürlichen Wuchses in strenge Formen getrimmt werden,

Schneiden Sie welke Blüten am Stielansatz ab oder zupfen Sie sie aus, damit sich statt Samen eine Fülle neuer Blütenknospen nachbilden.

sollten Sie beim Schnitt versuchen, die **naturgegebene Kronenform** zu bewahren. Sie beschreibt bei den meisten Arten ein Oval. Schneiden Sie deshalb nicht alle Zweige in einer Höhe ab, sondern in unterschiedlichen Längen, deren Enden zum Schluss einen mehr oder weniger flachen Halbkreis beschreiben. Betrachten Sie dabei jeden Zweig einzeln und nehmen Sie eine Knospe in geeigneter Höhe ins Visier, die zum Kronenäußeren zeigt, gesund und kräftig ist. Rund 3 bis 5 mm über dieser Knospe (oder dem Knospenpaar) wird der Zweig gekappt. Verwenden Sie dabei **scharfe** und vor allem **saubere Klingen**, da über alte Pflanzensaftreste Infektionen (z. B. Viren, Bakterien und Pilzsporen) übertragen werden können.

Würden Sie die Äste über einer Knospe kappen, die zum Kroneninneren zeigt, würde der daraus sprießende Zweig nach innen wachsen und das Kronenbild stören, da dies zu einem sich überkreuzenden Astgewirr führt. Bei großblättrigen Arten wie Rhododendron oder Lorbeer sollten Sie keine Blätter durchtrennen. Die Schnittränder trocknen sonst nach und hinterlassen braune Streifen, die lange sichtbar bleiben, da der Laubaustausch bei immergrünen Arten nur langsam erfolgt. Bei kleinblättrigen Arten ist es dagegen unerheblich, wenn Sie das Laub beim Schnitt durchtrennen. Es wird meist rasch von neuen Blättern überwachsen und somit kaschiert.

Auch Blüten

brauchen einen Rückschnitt. Und das sowohl bei den Sträuchern als auch bei den Stauden und Sommerblumen. Pflanzen blühen, um Samen anzusetzen und verwenden einen guten Teil ihrer Kraft darauf. Nimmt man ihnen die Blüten weg, können sie keine Samen bilden – und versuchen es mit einer neuen Garnitur Blüten, auf dass diese zum Erfolg führt. Auf diese Weise erreichen Sie einen deutlich längeren Flor, als wenn Sie die Samen ausreifen lassen. Nur wenn man sie zur eigenen Aussaat und Vermehrung nutzen möchte, sollte man einige Samenansätze zur Reife kommen lassen. Das **Ausputzen der Blüten** hat einen weiteren Vorteil: Er dient der Hygiene, denn welke Blüten verkleben leichter, beherbergen Schädlinge oder beginnen zu faulen. Auch das Auslichten zu dichter Kronen hält die Pflanzen gesund, da sie mehr Licht erhalten und nach Regen rascher abtrocknen. Im Herbst gehört das Auszupfen welker Blätter dazu, um Fäulnis und Pilzinfekten vorzubeugen.

Damit Buchs in Form bleibt, genügt in der Regel ein Schnitt im April und einer im Juli. Verwenden Sie keine elektrischen Scheren, sondern Handwerkzeuge, mit denen man detailgenau arbeiten kann.

Gesunde Pflanzen

Pflanzenschutz auf sanfte Art

Größere Schädlinge wie Schild- und Wollläuse lassen sich mit einem rauen Schwamm gut abwischen. Das kostet zwar Zeit, ist aber chemiefrei. Verwenden Sie reines Wasser ohne Zusatz von Reinigungsmitteln. Nur Schmierseife ist erlaubt.

Mit Schädlingen muss man leben lernen, wenn man einen Topfgarten hat. Denn ganz ohne »Nutznießer« der grünen Pracht kommt auf Dauer selbst der beste Gärtner nicht davon. Eine gute Pflege ist die beste Vorbeugung gegen Schädlinge und Krankheiten, denn sie stärkt die pflanzeneigenen Abwehrkräfte. Sie werden es selbst mit der Zeit beobachten, dass kräftige Pflanzen verschont bleiben, schwächelnde oft erst recht das Ziel von Angriffen werden, auch wenn wissenschaftlich noch wenig untersucht ist, wie die einzelnen Abwehrmechanismen funktionieren.

Prüfen Sie deshalb parallel zu eventuellen Schädlingsbekämpfungsmaßnahmen den **Standort** und die **Pflege** der Pflanze kritisch. Ist der Platz zu lichtarm, zu heiß oder lufttrocken? Leidet die Pflanze an Trockenstress oder wurde die Düngung längere Zeit vernachlässigt? Gehen Sie dabei wirklich kritisch mit sich selbst ins Gericht, denn wenn die Ursachen für eine abwehrschwache Pflanze nicht behoben werden, kommt es zu immer neuen Schädlingsattacken, denen man immer neu begegnen muss.

Versuchen Sie dabei, die Dinge aus der Sicht der Pflanze zu betrachten: Hinter einer Gardine ist es für eine Pflanze im Winterquartier nicht hell, sondern dunkel. Die Bedeutung »kühle Überwinterung« trifft erst ab Temperaturen unter 12 °C zu, die wir Menschen schon »zum Frösteln« empfinden. Setzen Sie sich eine Stunde unbeschattet auf einen Südbalkon, um mitfühlen zu können, welcher Strahlung und Hitze Ihre Schützlinge für oft mehr als 12 Stunden pro Tag auf einer Südterrasse ausgesetzt sind. Auskunft über die Luftfeuchtewerte, die für das Wohl der meisten Pflanzen enorm wichtig sind, geben Hygrometer.

Genauso häufig wie **Schädlinge** treten physiologische Störungen auf. Gelbe Blätter beispielsweise können nicht nur auf saugende Insekten zurückzuführen sein, sondern ebenso auf Düngermangel oder starke Trockenheit, in deren Folge viele Pflanzen ihre Reservestoffe aus den Blättern abziehen und zum Überleben nutzen. Diverse **Krankheiten** stellen sich im Verborgenen ein, z. B. Pilzinfekte, die die Leitungsbahnen im Inneren der Pflanzen verstopfen. Hier sind äußerlich keine Schädlinge sichtbar, obwohl die Pflanze mit braunen, verfärbten Blättern deutlich anzeigt, dass sie krank ist. In diesen Fällen helfen Ihnen die regionalen Pflanzenschutzämter weiter, die eine mikroskopische Bestimmung durchführen können.

Ein wirksames Hausmittel gegen Läuse aller Art ist die Spiritus-Schmierseifen-Lösung, wenn man sie mehrfach mit wenigen Tagen Abstand anwendet. Lösen Sie je zwei Esslöffel Spiritus und Schmierseife in einem Liter Wasser auf.

Sind Schädlinge schuld am Kümmern Ihrer Pflanzen, sind auch sie oft nicht leicht zu entdecken. Sie siedeln sich häufig zunächst auf den Blattunterseiten an oder in den Blattachseln. Einige wie die Spinnmilben sind so klein, dass man sie mit bloßem Auge nur bei sehr genauem Hinsehen wahrnimmt. Viele Schädlinge verraten sich aber indirekt: Aus den Blattzellen, die sie anzapfen, um an den zuckerhaltigen Pflanzensaft heranzukommen, tropft Flüssigkeit nach unten und sammelt sich wie der Kot der Tiere auf den Blättern darunter. Sie werden klebrig. In der Folge siedeln sich häufig Pilze an, die den Zuckersaft schwarz färben. Wenn Sie dann die Pflanzen näher betrachten, werden Sie bestimmt bald fündig an Schild- oder Wollläusen, Weißen Fliegen oder Blasenfüßen (Thripse), die sich bevorzugt auf den Blattunterseiten aufhalten. Wichtig ist, dass Sie häufig nach dem Rechten sehen, um Schädlinge möglichst bald zu bemerken. Solange die Populationen noch klein sind, wird man sie mit geringem Aufwand wieder los. Eskaliert der Befall dagegen, wird man ihm oft nur durch mehrmaliges Spritzen mit Chemikalien wieder Herr. Umsicht ist deshalb besser, als wenn Sie hinterher das Nachsehen haben.

Sanfte Mittel zur Schädlingsbekämpfung sind den meisten Menschen lieber als »chemische Keulen«. Die Hersteller von Pflanzenschutzmitteln reagieren darauf und bieten Produkte wie die **Gelbtafeln** an. Sie sind mit Leim beschichtet, an denen die durch die Farbe angelockten Tiere (z. B. Weiße Fliege, Trauermücken) hängen bleiben. Andere Insekten werden mit **Pheromonen**, also natürlichen Lockstoffen, in Fallen geführt, aus denen sie sich nicht mehr befreien können. Bei den Pflanzenschutzmitteln setzen viele Hersteller verstärkt auf **ölhaltige Produkte** zum Beispiel auf Rapsölbasis. Sie wirken dadurch, dass sich der Ölfilm über die Tiere legt und sie von der Sauerstoffzufuhr abschneidet. Diese Taktik bedingt jedoch, dass Sie jedes einzelne Tier mit dem Mittel benetzen müssen. Überlebende können rasch eine neue Kolonie gründen. Zudem sind Eier oft von der Wirkung ausgenommen. Aus ihnen schlüpft binnen weniger Tage Nachwuchs, der den Befall erneut anfachen kann.

Deshalb ist es wichtig, die Pflanzen wirklich von allen Seiten zu besprühen und die Behandlung im Rahmen der Zulassungsbestimmungen mit einigen Tagen Abstand mehrmals zu wiederholen, um auch frisch geschlüpfte Tiere zu erfassen. Halten Sie die Sprühdüsen nicht nur von oben über die Blätter, sondern vor allem auch von unten, um **auch die Unterseiten** zu behandeln. Ebenso benetzt werden sollten die Zweige, an denen sich vor allem Schildläuse gerne festhaften. Behandeln Sie vorsorglich benachbarte Pflanzen mit, auch wenn sie noch keinen Befall zeigen. Auf ihnen können Einzeltiere überdauern und rasch wieder übersiedeln, sobald die Wirkung des Mittels nachgelassen hat.

Von Hausmitteln darf man nicht zu viel erwarten, aber auch nicht zu wenig. Richtig angewendet, sind viele probate Mittel gegen klassische Schädlinge. Eines der bewährtesten ist die **Spiritus-Schmierseifen-Lösung**. Der Spiritusanteil löst die stabile Schutzhülle der Tiere an, die Schmier-

Mischen Sie stets nur so viel Pflanzenschutzmittel an, wie Sie tatsächlich zum Sprühen benötigen. In Sprühflaschen gelagert, verlieren viele Fabrikate sonst binnen weniger Tage ihre Wirksamkeit.

seife trocknet Blatt-, Schild- oder Wollläuse von innen aus. Die leeren Hüllen der Insekten bleiben haften, können jedoch keinen Schaden mehr anrichten. Nicht wirksam ist dieses Mittel gegen Spinnmilben (siehe S. 135) und fliegende Schädlinge wie Weiße Fliegen oder Blasenfüße, die man mit Spritzen nur recht unzulänglich erfassen kann, da zu viele Tiere auffliegen, woanders Rast machen und später zurückkehren.

Mechanische Lösungen wie das **Abreiben** der Tiere mit einem Schwamm oder einer ausgedienten Zahnbürste, mit der man auch enge Blattachseln gut erreicht, sind zeitintensiv, aber wirksam. Sie werden die Schädlinge damit zwar nicht gänzlich los, aber Sie dezimieren sie soweit, dass sich der Einsatz von Pflanzenschutzmitteln reduziert. Und da man diese im Handel nicht gerade geschenkt bekommt, ist dies ein nicht zu unterschätzender Kostenfaktor.

Stark befallene Blätter oder Triebspitzen werden **abgeschnitten** – sie würden sich ohnehin nicht mehr regenerieren und die Pflanzen wochenlang krank aussehen lassen, auch wenn sie längst wieder schädlingsfrei sind. Das gilt ebenso für Pflanzenteile, die von einer pilzlichen Infektion oder internen Krankheiten wie Viren oder Bakterien befallen sind. Man schneidet die betroffenen Triebe bis ins gesunde Gewebe zurück. Reinigen Sie die Schnittwerkzeuge zwischendurch gründlich, damit sie keine Keime von Zweig zu Zweig oder gar von Pflanze zu Pflanze übertragen. Große Schädlinge wie Schnecken, Schmetterlingsraupen oder Heuschrecken sammelt man mit Handschuhen ab und verbannt sie dann auf Dauer aus dem Garten oder Topfgarten.

Morgenstund' hat bei der Anwendung von Pflanzenschutzmitteln kein Gold im Mund. Die Mittel sollten möglichst lange einwirken können, bevor das Wasser, in dem sie gelöst sind, verdunstet. Sprüht man im Sommer morgens, »verdampft« die Wirkung rasch. Scheint die Sonne, müssen Sie bei ölhaltigen Mitteln sogar mit Pflanzenschäden rechnen, denn zartblättrige Arten wie Bananen reagieren auf Ölfilm plus Sonneneinstrahlung mit Blattverbrennungen. **Besser** ist es generell, **abends** zu behandeln, um die kühlfeuchten Nachtstunden zu nutzen. Die folgenden Tage sollten **idealerweise trüb und wolkenverhangen** sein. Warten Sie aber bei einem akuten Befall im Sommer nicht zu lange, bis sich eine günstige Witterung einstellt. Bleibt das Wetter sonnig-wolkenlos, können Sie die Pflanzen an eine schattige Stelle in den Garten bringen und dort behandeln oder die Kronen nach dem Spritzen mit einem Schattiernetz oder Tuch vor direkter Bestrahlung schützen.

Je genauer Sie dosieren, umso besser ist es für alle Beteiligten. Sie selbst gefährden Ihre Gesundheit nicht, und die Pflanzen werden nicht mit zu hohen Konzentrationen belastet, die zu Blattschäden führen können. Lesen Sie deshalb die Hinweise auf den Verpackungen sehr sorgfältig. Vor allem, wenn Sie Früchte tragende Pflanzen, Gemüse oder Kräuter mit Pflanzenschutzmitteln behandeln müssen, sollten Sie auf die Abbauzeiten achten, damit die Pflanzenteile rückstandsfrei sind, wenn sie verzehrt werden. Tragen Sie beim Spritzen langärmelige Kleidung und eventuell einen Mundschutz. Beides sollten Sie nach der Behandlung waschen.

Braune Blattflecken im Frühjahr sind meist weder die Folge von später Kälte noch von Schädlingen: Es ist ein Sonnenbrand, den sich die Pflanzen einfangen, wenn sie nach den lichtarmen Winterwochen zu plötzlich starker Sonneneinstrahlung ausgesetzt werden. Auch sonnenhungrige Arten müssen sich nach dem Winter zunächst an halbschattigen Plätzen eingewöhnen, bevor sie die Strahlung vertragen.

Spinnmilben zählen trotz ihrer geringen Größe zum Übelsten, was Ihrem Topfgarten widerfahren kann. Da sie sich rasend schnell vermehren, können sie eine Pflanze, bei der man den Befall zu spät bemerkt, in Kürze entlauben. Gegen Spinnmilben helfen keine Hausmittel. Käufliche Präparate müssen explizit in ihrer Wirkung gegen Spinnmilben ausgewiesen sein, da diese zu den Spinnen und nicht zu den »saugenden Insekten« gehören.

Pilzkrankheiten bleiben im Topfgarten nicht aus, da ihre superfeinen, leichten Sporen wortwörtlich in der Luft liegen. Vorbeugend sollten Sie die Blätter beim Gießen nicht überbrausen, damit sie nicht unnötig lange nass sind. Bieten Sie anfälligen Arten gut belüftete Standorte, denn die meisten Pilze siedeln sich am liebsten in stickig-feuchtem Milieu an. Gegen einen Befall helfen Spritzmittel zum Beispiel auf Schwefelbasis.

Ameisen richten im Topfgarten keinen direkten, aber sehr wohl indirekten Schaden an, indem sie Nester in der Topferde anlegen und diese dafür aushöhlen. In den Hohlräumen können keine Wurzeln gedeihen, und die Pflanzen werden so wertvollen Platzes beraubt. Um Ameisen loszuwerden, können Sie die Töpfe einen Tag lang in Wasser tauchen – das vernichtet die Brut und vertreibt die Kolonien.

Blattläuse sind ein typischer Frühjahrsschädling, da sie sich bevorzugt an den frischen Blättern laben. Einen Großteil werden Sie bereits los, wenn Sie befallene Triebspitzen abschneiden. Weitere können Sie mit scharfem Strahl aus dem Wasserschlauch davonspülen. Für den Rest bietet sich eine Spiritus-Schmierseifen-Lösung an. Auch in Wasser gelöste Milch soll angeblich helfen.

Weiße Fliegen gehen Gelbtafeln zielsicher auf den Leim, die man zwischen den Blättern aufhängt oder an längeren Stäben aufgespießt in die Erde steckt. Bei Arten, die als Magneten für Weiße Fliegen gelten, wie Wandelröschen *(Lantana)* oder Hammerstrauch *(Cestrum),* sollten Sie bereits vorbeugend im Frühjahr mit dem Einsatz der preiswerten Gelbtafeln beginnen. Die geringe Mühe lohnt.

Schnecken setzen vor allem den frischen Blättern bestimmter Pflanzen wie Funkier *(Hosta)* im Frühling entsetzlich zu. Dagegen hilft eine Abdeckung mit kleinen Plastikhauben, wie sie im Gemüsegarten gern verwendet werden. Wer die Tiere nicht absammeln möchte, kann Schneckenkorn auf Eisensulfatbasis streuen, das Topfpflanzen nicht schadet, auch wenn es der Regen in die Erde wäscht.

Nützlinge können Sie im Freien nur bedingt einsetzen, da die größtenteils flugfähigen Tiere bei Nahrungsmangel zu leicht abwandern und dann fehlen, wenn ein neuerlicher Schädlingsbefall einsetzt. In Winterquartieren unter Glas aber sind Raubmilben & Co. ein probates, wenn auch kostenintensives Mittel, um Schädlinge ohne den Einsatz von Chemie in Zaum zu halten.

Schildläuse treiben vor allem während der Wintermonate ihr Unwesen. Rücken Sie wenigen Tieren mit einem rauen Lappen oder einer Zahnbürste zu Leibe. Etwas größere Populationen werden Sie mit einer mehrfachen Behandlung mit Spiritus-Schmierseifen-Lösung los. Ist der Befall sehr stark, greift man auf Präparate aus dem Fachhandel zurück, die die Tiere mit einem Ölfilm überziehen.

Richtig überwintern

Winterquartiere & Winterschutz

Vliese, Bast- und Kokosmatten schützen ihre Pflanzen vor auskühlenden Winden und der Wintersonne. »Wärmen« können Sie ihre Pflanzen nicht, nur leicht isolieren.

Wenn der Winter Einzug hält, ziehen frostempfindliche Pflanzen aus dem Topfgarten aus. Kälteerprobte Arten bleiben draußen, kommen aber vielfach auch nicht ohne Schutz aus. Wie aber machen Sie es richtig, damit Ihre Schützlinge die kalte und vor allem lichtarme Jahrezeit gut überstehen? Es ist im Grunde ganz einfach, wenn Sie genau darauf achten, ob von **Wurzel- oder Kronenschutz** die Rede ist.

Für warme Wurzeln bei Topfpflanzen, die im Freien bleiben, sorgt zunächst ein **Abstand zum Boden.** Stehen die Töpfe auf Steinplatten, entziehen diese der Erde wertvolle Wärme. Erhöhen Sie die Gefäße deshalb auf Füße (siehe Seite 12), um eine isolierende Luftschicht zu erzielen, oder legen Sie Styroporplatten unter. Damit die Erde die tagsüber eingefangene Sonnenwärme besser und längern speichern kann, werden die Töpfe mit isolierenden Hüllen umgeben. In Frage kommen hier Luftpolsterfolien mit dicken Noppen (> 2 cm) oder Heidekraut- oder Bastmatten, die locker um die Gefäße geschlungen und mit Stroh, Holzwolle oder trockenem Laub ausgefüttert werden. Die Füllung muss regengeschützt abgedeckt werden, damit sie nicht nass wird, zusammensackt und ihre Isolierwirkung verliert. Die Erde der Töpfe aber muss für Wasser zugänglich bleiben, um Niederschläge aufnehmen zu können. Bedenken Sie, dass Winterschutzmaterialien die Wurzeln nicht »wärmen« können, sondern nur die Auskühlung reduzieren.

Kälteempfindliche Wurzeln stellt man in eine Kiste, die mit Stroh gefüllt wird. Ein Zelt aus Vlies schützt die Kronen nicht nur vor der Wintersonne, sondern leitet Niederschlagswasser weitgehend ab.

Herrscht Dauerfrost, können Sie die Ballen nicht vor dem Durchfrieren bewahren. Deshalb sind selbst mit diesem Schutz kälteempfindliche Wurzeln gefährdet.

Den Kronen setzt man im Winter eine Haube als Schutz vor der Wintersonne auf. Zwar bringt sie willkommene Wärme, aber auch Probleme. Sind die Zweige von einer klirrend kalten Nacht am Vormittag noch stark unterkühlt und werden dann direkt von der Sonne beschienen, kommt es zu Spannungen in der Rinde, und sie kann reißen. Diese Wunden unterbrechen die Versorgung der Zweige und können zum Absterben großer Kronenteile führen. Deshalb schattiert man das Astgerüst mit fein gewebtem Vlies, Bastmatten oder Fichtenreisig, das man dachziegelartig in die Kronen einhängt. Bei immergrünen Pflanzen wie Bambus, Buchs oder Rhododendron kommt durch die Wintersonne ein weiterer Faktor hinzu: Sie trocknet die Blätter aus. Ist die Erde in den Töpfen zeitgleich gefroren, können die ohnehin inaktiven Wurzeln kein Wasser nachliefern: Die Kronen vertrocknen. Was im Frühjahr rasch als »Kälteschaden« deklariert wird, ist in Wahrheit oft ein Trockenschaden, dem Sie nicht nur mit regelmäßigem Gießen bei frostfreiem Wetter, sondern auch mit einer Schattierung der Kronen vorbeugen können.

Hausgäste unter den Topfpflanzen, die den Winter frostfrei verbringen, wünschen vor allem eines: **Helligkeit**. Legen Sie dabei nicht Ihre Augen als Maßstab zugrunde. Unverfälschter gibt ein Luxmeter Auskunft – oder Ihre Kamera. Sie zeigt bei Aufnahmen im Zimmer nicht ohne Grund an, dass ein Blitz für gute Aufnahmen vonnöten ist. Die Fensterscheiben filtern eine Menge Licht heraus, das für die Pflanzen wichtig wäre. Wählen Sie deshalb vor allem für immergrüne und sol-

Wenn Sie Ihr Winterquartier für wenige, wärmebedürftigere Arten nicht höher temperieren möchten, stellt man diese in strohgepolsterte Holzkisten mit Noppenfolie, damit sie besser isoliert sind.

Da immergrüne Pflanzen auch im Winter Wasser verdunsten, muss man sie an milden Tagen nachgießen, wenn der natürliche Niederschlag nicht ausreicht.

che Arten Fensterplätze aus, die ihr Laub erst kurz vor Frühlingsbeginn austauschen. Reicht die Lichtmenge trotz eines direkten Fensterplatzes nicht aus, weil dieser zum Beispiel von Nachbarhäusern beschattet wird oder es sich um ein kleines Kellerfenster handelt, helfen **Pflanzenleuchten** (Wachstumslampen), die Licht genau der Wellenlänge abstrahlen, die Pflanzen brauchen. Weniger kompliziert sind Arten, die im Winter natürlicherweise laublos sind (siehe S. 139). Sie können dunkel stehen, Die Erde darf nicht völlig austrocknen – und entsprechend die Wurzeln.

Echt »cool« finden es die meisten langlebigen Topfpflanzen im Winter besser als ständig zimmerwarm. Der Grund: Die meisten gängigen Arten stammen aus mediterranen oder subtropischen Klimaten, die durch deutliche jahreszeitliche Unterschiede mit kalten, wenn auch weitgehend frostfreien Wintern oder lange Trockenzeiten geprägt sind, während der die Pflanzen jedes Jahr eine Ruhephase einlegen. In dieser Zeit erholen sie sich und bereiten vielfach die Anlagen für die Blütenknospen vor. Fehlt ihnen diese Auszeit, erschöpfen sich viel. Wichtige Lebensvorgänge können nicht stattfinden. Zudem ist der Lichtgenuss im Winter in Mitteleuropa so gering, dass die Pflanzen beim Versuch weiterzuwachsen mehr Energie verbrauchen als aufbauen. Sie werden demzufolge durch einen dauerwarmem Stand eher geschwächt als gefördert. Bieten Sie deshalb allen nicht tropischen Wintergästen Quartiere, die weniger als 15 °C, besser weniger als 10 °C kühl sind. Da niedrige Temperaturen die Pflanzenaktivität drosseln, ist ihr Lichtanspruch hier geringer. Als Faustregel gilt deshalb: **Je wärmer eine Pflanze steht, umso heller muss es sein,** je kühler es ist, umso lichtärmer darf es sein.

Gar nichts dürfen Sie im Winterquartier nicht tun. Ihre Pflanzen brauchen weiterhin Aufmerksamkeit. Kontrollieren Sie regelmäßig auf Schädlinge und begegenen Sie ihnen möglichst umgehend, bevor sie sich ausbreiten können. Entfernen Sie welkes oder herabgefallenes Laub, bevor es zum Keimherd für Krankheiten wird. Gießen Sie regelmäßig, aber erst, wenn die Erde gut abgetrocknet ist, und nicht auf Vorrat. Bei Staunässe setzt bei nässeempfindlichen Pflanzen wie den Bougainvilléen rasch Wurzelfäulnis ein.

Zitruspflanzen gelten als schwierig zu überwintern, da sie bei Lichtmangel Laub abwerfen. Dieser Blattverlust ist jedoch überhaupt kein Problem, wenn Sie die Gießmenge anpassen: Je weniger Laub die Pflanzen haben, umso weniger Wasser brauchen sie. Gießt man zu viel, faulen die Wurzeln, und die Triebe werden braun. Bleiben die Zweige dagegen grün, treiben sie im Frühling frisch aus, und Ihre *Citrus* ist im Nu wieder voll belaubt.

Palmen sind je nach Art viel kälteverträglicher, als man annehmen möchte (siehe Seite 111). Was sie aber nicht vertragen, ist zu viel oder zu wenige Feuchtigkeit für ihre Blätter. Zu viel Nässe lässt den einzigen Wachstumspunkt der Palmen faulen. Deshalb muss man sie bei einer Überwinterung im Freien vor Nässe schützen. Zu trockene Luft in geheizten Zimmern lässt die Blattränder verbraunen. Dagegen hilft regelmäßiges Einsprühen.

Rhododendren können auch als Topfpflanze unbedenklich im Freien überwintert werden. Bekommen Sie keinen Schreck, wenn die Blätter bei Kälte schlapp herabhängen. Solange die Erde feucht ist, richtet sich das Laub bei mildem Wetter rasch wieder auf. Finden die Wurzeln nach einer Kältewelle jedoch nur trockene Erde vor, nehmen die Blätter dauerhaft Schaden. Gießen Sie deshalb zur Vorbeugung regelmäßig.

Gemeinsam stark sind kleine Töpfe, die alleine zu rasch durchfrieren und bei vielen Arten eine Überwinterung im Freien ausschließen würden. Stellt man jedoch mehrere Jungpflanzen in einer strohgefüllten Holzkiste oder Styropor-Box zusammen, verbringen sie den Winter prima im Freien. Auch Bonsai, die in ihren kleinen Schalen kaum Volumen haben, überwintern in Kisten bestens.

Dunkel überwintern können Sie Pflanzen, die ihr Laub abwerfen: Schönmalve *(Abutilon)*, Seidenbaum *(Albizia)*, Zitronenstrauch *(Aloysia)*, Korallenstrauch *(Erythrina)*, Feige *(Ficus carica)*, Fuchsien *(Fuchsia-*Hybriden), Kreppmyrte *(Lagerstroemia)*, Paternosterbaum *(Melia)*, Bleiwurz *(Plumbago)*, Rosa Trompeten- wein *(Podranea)*, Granatapfel *(Punica)* und Mönchspfeffer *(Vitex)*.

Eingegraben in den Erdboden überwintern viele Topfgäste im Freien weit problemloser als frei stehend in ihren Gefäßen. Das umgebende Erdreich wärmt die Gefäße. Zudem friert der Erdboden nur oberflächlich und meist nicht tiefer als 50 cm durch. So ist es durchaus möglich, Fuchsien in einer laubgefüllten und mit Brettern abgedeckten Erdmulde zu überwintern.

Bambus im Topfgarten hat mit der Kälte an und für sich keine Probleme. Was ihm jedoch zusetzt, ist starker Wind, der das Laub zusätzlich zur Wintersonne austrocknet. Und damit steht Bambus nicht alleine da: Auch viele andere Pflanzen bekommen Schwierigkeiten, wenn es ständig zieht und weht. Schirmen Sie den Standort für Ihre Dauer-Topfgäste deshalb im Winter mit stabilen Windschutzmatten ab.

Tropisch warm bei über 15 °C wünschen es tropische Arten, die an sehr hellen Plätzen bei diesen Bedingungen oft sogar bis Weihnachten weiterblühen. Danach genügt auch ihnen das Licht dazu nicht: Hibiskus *(Hibiscus rosa-sinensis)*, Blauflügelchen *(Clerodendrum)*, Erdnussbutter-Kassie *(Senna didymobotrya)*, Prinzessinnenblume *(Tibouchina)*, Elefantenohr *(Alocasia)*, Papaya *(Carica pentagona)*.

Die Gärtner vor Ort, deren Gewächshäuser im Winter sonst teilweise leer stehen würden, bieten häufig einen Überwinterungsservice an. Die Kosten werden in der Regel nach dem Platz bemessen, den die Pflanzen beanspruchen. Der Hin- und Rücktransport ist kostenpflichtig, wenn Sie ihn nicht selbst übernehmen. Klären Sie vorab die Modalitäten, wer haftet, wenn eine Pflanze eingehen sollte.

Stauden-Versandhandel

Staudengärtnerei
Dieter Gaißmeyer
Jungviehweide 3
89257 Illertissen
Tel.: 0 73 03/72 58

Staudengärtnerei
Gräfin von Zeppelin
Aglaja von Ruhmohr
Laufen/Baden
79295 Sulzburg
Tel.: 0 76 34/6 97 16
www.graefin-v-zeppelin.com

Staudengärtnerei Klose
Rosenstraße 10
34253 Kassel
Tel.: 05 61/51 55 55

Blumenschule Schongau
Rainer Engler & Sabine Friesch
Augsburger Str. 62
86956 Schongau
Tel.: 0 88 61/73 73
www.blumenschule.de

Kräuter-Versandhandel

Rühlemann's Kräuter & Duftpflanzen
Auf dem Berg 2
27367 Horstedt
Tel: 0 42 88/92 85 58
www.ruehlemanns.de

Rosen

Rosen Tantau
Tornescher Weg 13
25436 Uetersen
Tel.: 0 41 22/70 84
www.rosen-tantau.com

W. Kordes' Söhne
Rosenschulen
Rosenstraße 54
25365 Klein Offenseth-Sparrieshoop
Tel.: 0 41 21/4 87 00
www.kordes-rosen.com

Werner Noack
Im Fenne 54
33334 Gütersloh
Tel.: 05 21/2 01 87

Lacon GmbH
J.-S.-Piazolo Str. 4
68766 Hockenheim
Tel.: 0 62 05/40 01
www.lacon-rosen.de

Kübelpflanzen-Versandhandel

flora toskana
Schillerstraße 25
89278 Nersingen OT Straß
Tel.: 0 73 08/9 28 33 87
www.flora-toskana.de

Zwiebelblumen-Versandhandel

Albrecht Hoch
Potsdamer Str. 40
14163 Berlin
Tel.: 0 30/8026251

Gehölze-Versandhandel

Baumschule Lorenz von Ehren
Maldfeldstr. 4
21077 Hamburg
Tel.: 0 40/76 10 80
www.lve.de

Pflanzenhandel Huben
Schriesheimer Fußweg 7
68526 Ladenburg
Tel.: 0 62 03/9 28 00
www.huben.de.

Garten-Versandhandel

Gärtner Pötschke
Beuthener Str. 4
41561 Kaarst
Tel.: 0 21 31/79 33 33
www.gaertner-poetschke.de

Dehner
86640 Rain am Lech
Tel.: 01 80/50 30 00 3
www.dehner.de

Obi@Otto
20088 Hamburg
Tel.: 0 90 90/77-0
www.OBI@OTTO.de

Düngemittel und Pflanzenschutzmittel

Algoflash
Langelohe 65
25337 Elmshorn
Tel.: 0 41 21/7 13 63

Neudorff
An der Mühle 3
31860 Emmertal
Tel.: 0 51 55/62 40
www.neudorff.de

Gabi-Biochemie
32108 Bad Salzuflen
Tel.: 0 52 22/2 10 05

Dünger-Online-Shop
Yvonne Kaiser
Samuel-Hahnemann-Str. 35
38154 Königslutter
Tel.: 0 53 53/91 31 22
www.duenger-shop.de

Bayer CropScience
Deutschland GmbH
Elisabeth-Selbert-Str. 4a
40764 Langenfeld
Tel.: Beratungs-Hotline:
01 90/52 29 37
(0,62 Euro/Min.)
www.bayercropscience.de

Compo
Gildenstraße 38
48157 Münster
Tel.: 02 51/3 27 70
www.compo.de

Scotts Celaflor GmbH & Co. KG
SUBSTRAL
Konrad-Adenauer-Str. 30
55218 Ingelheim
Tel.: 0 61 32/7 80 30
www.substral.de

Spiess-Urania
Chemicals GmbH
Hauptstraße 4
67271 Kleinkarlbach
Tel.: 0 63 59/80 12 35
www.spiess-urania.com

Euflor Gartenbedarf
Ridlerstraße 75
80339 München
Tel.: 089/5 00 93-4
www.euflor.de

Oscorna Dünger
Erbacherstraße 41
89079 Ulm
Tel.: 07 31/9 46 64-0
www.oscorna.de

Liebhabergesellschaften

Deutsche Gartenbau-Gesellschaft 1822 e.V.
(DGG)
Webersteig 3
78462 Konstanz
Tel.: 0 75 31/1 52 88
Mitglieder-Zeitschrift
»Gartenpavillion«

Bund deutscher Staudengärtner
Godesberger Allee 142-148
53175 Bonn
Tel.: 02 28/8 10 02 51
www.stauden.de

Bund deutscher Baumschulen (BdB) e.V.
Bismarckstraße 49
25421 Pinneberg
www.bund-deutscher-baumschulen.de

Verein Deutscher Rosenfreunde e.V.
Waldseestr. 14
76530 Baden-Baden
www.rosenfreunde.de

Deutsche Dahlien-, Fuchsien- und Gladiolen-Gesellschaft e.V.
Maasstraße 153
47608 Geldern
Tel.: 0 28 31/99 36 21
www.ddfgg.de

Stichwortverzeichnis

Ziffern mit * verweisen auf Abbildungen

Bildnachweis

Bolton, Mark: 16o
Borstell: 1, 2/3, 10, 13o, 19o, 26, 27u, 27o, 35o, 37u, 39o, 44o, 45, 47, 48u, 50, 51l, 51u, 52, 53u, 53m, 53o, 54, 56, 57mol, 57mor, 57or, 58, 59o, 60u, 63mol, 63mor, 63mul, 64, 67u, 67m, 67o, 68m, 68r, 71ur, 74o, 74m, 74u, 75ol, 75or, 75mul, 75mur, 78o, 79mor, 81o, 81u, 82o, 82m, 83ul, 84o, 88m, 91u, 92o, 92u, 97u, 97o, 102, 103u, 103m, 103o, 104, 105r, 106, 107u, 107m, 107o, 108, 109u, 115l, 119u, 121
Borstell/Rhulenhof: 20, 73, 87u, 113
Fischer: 11l, 17u, 48o, 75ur
Flora toskana/Ratsch: 11o, 11u, 12o, 12u, 13u, 16u, 17o, 18o, 19u, 21r, 21l, 22o, 22u, 23ol, 23or, 23m, 23ul, 24o, 24m, 24u, 25o, 25l, 25r, 25u, 28, 29u, 39u, 44u, 57ul, 62ol, 62ul, 62mur, 63ul, 63mur, 63ur, 75ul, 79ul, 85ol, 85mol, 85mor, 86, 87o, 88u, 112u, 112r, 122u, 123, 125o, 125u, 126u, 126o, 128o, 128u, 131, 131o, 132, 133o, 133u, 137u
GBA/Bolton: 60o, 60m, 69ol, 71or, 71mul, 97r
GBA/Nichols: 9, 96u, 100o
Eddison, Liz: 37m, 38o, 62mol, 63ol, 68l, 69mul, 70o, 79mul, 82u, 84u, 88o, 115o, 127
Eddison, Liz/David Brun: 49u
Eddison, Liz/Masao Fukuhara: 115u
Eddison, Liz/Bob Purnell: 122o, 129
Eddison, Liz/Whichford Pottery: 11r, 37o
Eddison, Liz/Whichford Pottery: 37o
Eddison, Liz/Kay Yamada: 96o
Reinhard: 15, 29o, 55, 57ol, 57mul, 62mul, 62ur, 69mor, 71ol, 71mol, 71mor, 71ul, 72, 75mol, 79mur, 83ol, 83mor, 83or, 83ur, 105o, 105l, 105u, 109l, 112l, 118, 124, 136
Rogers: 7, 8, 18u, 21m, 23ur, 30, 31, 33, 34, 35u, 36, 38u, 40, 41, 42, 43, 51o, 51r, 59u, 61, 76, 78m, 80, 90, 91o, 94, 95, 98, 99, 100u, 101, 110, 111o, 111u, 114, 116l, 116r, 117, 119o, 119l, 119r
Ruckszio: 69mol, 69mur, 71mur, 75mor, 78u, 79mol, 79ur, 83mul, 83mur
Seidl: 62mor, 62or, 79or, 83mol, 85or
Strauß: 14, 46, 49o, 57mur, 57ur, 63or, 65, 66, 69or, 69ul, 69ur, 77, 79ol, 97l, 109r, 109o, 112o, 130, 137o, 138

Umschlaggestaltung: Anja Masuch, Puchheim b. München

Bibliographische Information der Deutschen Bibliothek

Die Deutsche Bibliothek verzeichnet diese Publikation in der Deutschen Nationalbibliographie; detaillierte bibliographische Daten sind im Internet über http://dnb.ddb.de abrufbar.

BLV Buchverlag GmbH & Co. KG
80797 München

Umschlagfotos:
Vorderseite: Ursel Borstell
Rückseite: Gary Rogers

Vordere Klappe außen: Borstell (oben und unten), Reinhard (Mitte).
Hintere Klappe außen: Reinhard (oben und unten), Ratsch (Mitte).

Vordere Klappeninnenseiten:
Borstell (li. S.: r; re. S.: l)
Eddison, Liz (li. S.: u)
Flora toskana/Ratsch (re. S.: o, u)
GBA/Nichols (li. S.: o, l; r. S.: r)

Hintere Klappeninnenseiten:
Borstell (li. S.: l; re. S.: u)
Fischer (li. S.: o, u; re. S.: r)
Flora toskana/Ratsch (re. S.: GBA/Bolton (li. S.: r)
Ruckszio (re. S.: o)
Strauß (re. S.: l)

Lektorat: Dr. Thomas Hagen
Herstellung: Hermann Maxant

Layoutkonzept Innenteil: fuchs_design, Riemerling

Satz: Satz + Layout Peter Fruth GmbH

Gedruckt auf chlorfrei gebleichtem Papier

Printed and bound in Germany
ISBN 3-405-16605-2